Schnittpunkt 5

Mathematik
Nordrhein-Westfalen

Grundlagen individuell fördern
Arbeitsheft

W0371307

erarbeitet von
Wolfgang Malzacher, Achim Olpp, Claus Stöckle, Thomas Straub

Ernst Klett Verlag
Stuttgart · Leipzig

Liebe/r ______________________________ ,

(Hier kannst du deinen Namen eintragen, denn das ist dein Arbeitsheft.)

auf diesen beiden Seiten stellen wir dir dein Arbeitsheft für die 5. Klasse vor.

Dieses Arbeitsheft hat die gleichen Kapitel und Lerneinheiten wie dein Schulbuch Schnittpunkt Mathematik 5. Zu jeder Aufgabe findest du im beigelegten **Lösungsheft** die richtige Lösung, so dass du selbständig deinen Lernerfolg feststellen kannst.

Jedes Kapitel dieses Arbeitsheftes beginnt mit einer **Selbsteinschätzung** und einem **Test** dazu. Damit kannst du feststellen, ob du noch Lücken im Vorwissen hast.
Schätze dich zuerst mithilfe der Tabelle „Wo stehe ich?" selbst ein. Kreuze dazu das passende Smiley an.

Die Smileys haben folgende Bedeutung:

☺ Ich kann's!

😐 Ich übe nochmal:
→ Seite 55 | Aufgabe 3

☹ Ich frag' mal.

(meinen Mitschüler bzw. meine Mitschülerin oder meinen Lehrer bzw. meine Lehrerin).

Um deine Selbsteinschätzung zu überprüfen, machst du anschließend den **Test**.

Zu jeder Nummer der Tabelle findest du eine Aufgabe.
Löse die Aufgaben.

Überprüfe deine Lösung mit den Lösungen im Lösungsheft und kreuze danach den entsprechenden Smiley am Rand und in der Tabelle an.

Jetzt siehst du, wie gut deine Einschätzung war.

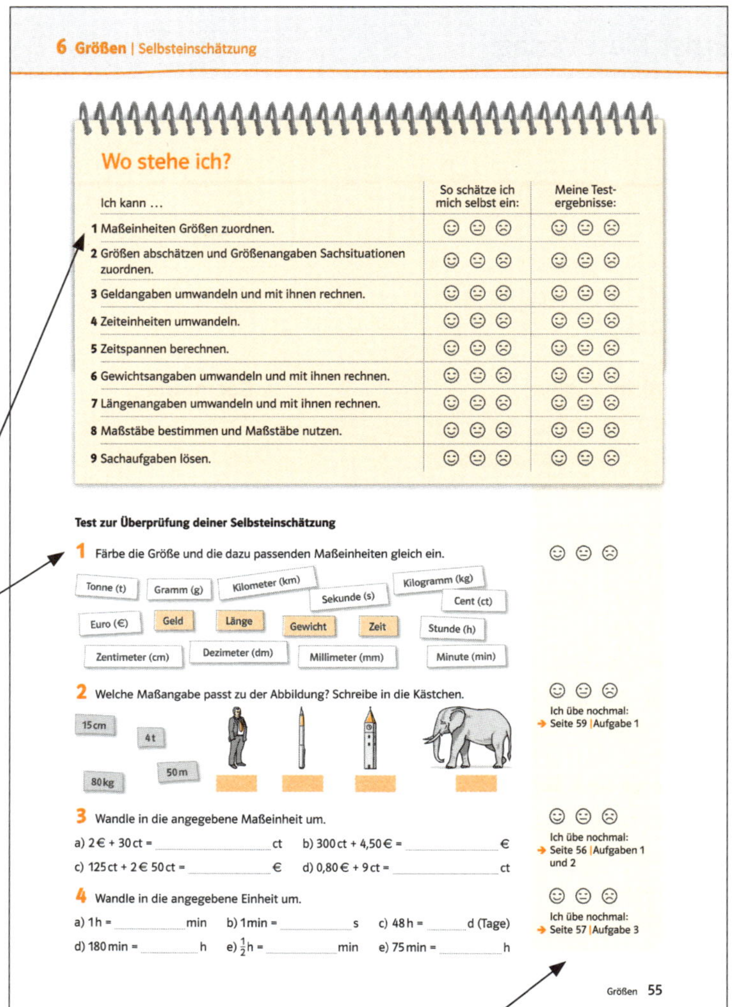
6 Größen | Selbsteinschätzung

Wo stehe ich?

Ich kann …	So schätze ich mich selbst ein:	Meine Testergebnisse:
1 Maßeinheiten Größen zuordnen.	☺ 😐 ☹	☺ 😐 ☹
2 Größen abschätzen und Größenangaben Sachsituationen zuordnen.	☺ 😐 ☹	☺ 😐 ☹
3 Geldangaben umwandeln und mit ihnen rechnen.	☺ 😐 ☹	☺ 😐 ☹
4 Zeiteinheiten umwandeln.	☺ 😐 ☹	☺ 😐 ☹
5 Zeitspannen berechnen.	☺ 😐 ☹	☺ 😐 ☹
6 Gewichtsangaben umwandeln und mit ihnen rechnen.	☺ 😐 ☹	☺ 😐 ☹
7 Längenangaben umwandeln und mit ihnen rechnen.	☺ 😐 ☹	☺ 😐 ☹
8 Maßstäbe bestimmen und Maßstäbe nutzen.	☺ 😐 ☹	☺ 😐 ☹
9 Sachaufgaben lösen.	☺ 😐 ☹	☺ 😐 ☹

Test zur Überprüfung deiner Selbsteinschätzung

1 Färbe die Größe und die dazu passenden Maßeinheiten gleich ein. ☺ 😐 ☹

2 Welche Maßangabe passt zu der Abbildung? Schreibe in die Kästchen. ☺ 😐 ☹ Ich übe nochmal: → Seite 59 | Aufgabe 1

3 Wandle in die angegebene Maßeinheit um. ☺ 😐 ☹ Ich übe nochmal: → Seite 56 | Aufgaben 1 und 2

a) 2 € + 30 ct = ______ ct b) 300 ct + 4,50 € = ______ €
c) 125 ct + 2 € 50 ct = ______ € d) 0,80 € + 9 ct = ______ ct

4 Wandle in die angegebene Einheit um. ☺ 😐 ☹ Ich übe nochmal: → Seite 57 | Aufgabe 3

a) 1 h = ______ min b) 1 min = ______ s c) 48 h = ______ d (Tage)
d) 180 min = ______ h e) $\frac{1}{2}$ h = ______ min e) 75 min = ______ h

Größen 55

Rechts neben den Aufgaben ist eine Spalte. Unter den Smileys in dieser Spalte findest du Verweise zu Übungsaufgaben auf den folgenden Seiten. So kannst du noch mal üben.

Zu jeder Lerneinheit deines Schulbuches findest du in diesem Arbeitsheft mindestens eine Seite mit **Aufgaben** zum Üben. Auf einigen Seiten helfen wir dir beim Lösen der Aufgaben mit **Tipps und Infos** in der Randspalte. Im Lösungsheft findest du weitere Hilfestellungen, die dir das Üben und Anwenden leichter machen.

Manchmal haben wir dir ein Beispiel gegeben und einen Aufgabenteil schon gelöst (orange Schreibschrift). Schreibe deine Antworten auf die vorgegebenen Linien, in die orangefarbenen Kästchen oder rechne und zeichne im Karogitter.

Wenn du mehr Platz brauchst, nimm ein zusätzliches Blatt oder dein Heft für Rechnungen oder für eine Skizze.

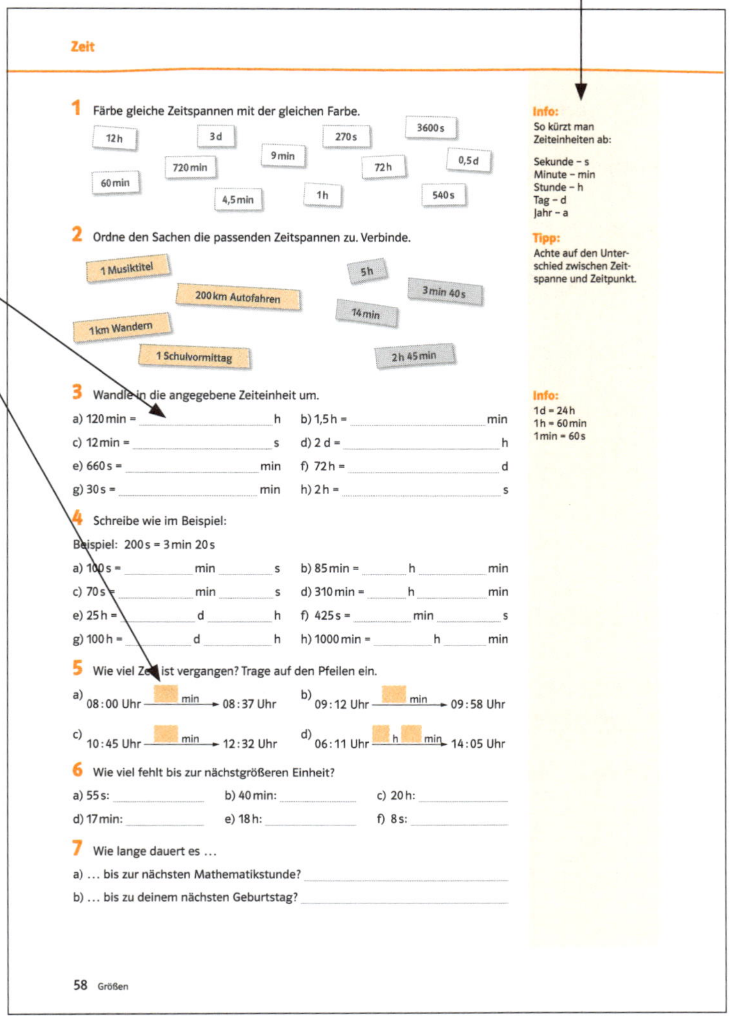
Zeit

1 Färbe gleiche Zeitspannen mit der gleichen Farbe.

12 h; 3 d; 270 s; 3600 s; 9 min; 720 min; 72 h; 0,5 d; 60 min; 4,5 min; 1 h; 540 s

2 Ordne den Sachen die passenden Zeitspannen zu. Verbinde.

1 Musiktitel; 200 km Autofahren; 1 km Wandern; 1 Schulvormittag

5 h; 3 min 40 s; 14 min; 2 h 45 min

3 Wandle in die angegebene Zeiteinheit um.

a) 120 min = ______ h b) 1,5 h = ______ min
c) 12 min = ______ s d) 2 d = ______ h
e) 660 s = ______ min f) 72 h = ______ d
g) 30 s = ______ min h) 2 h = ______ s

4 Schreibe wie im Beispiel:

Beispiel: 200 s = 3 min 20 s

a) 100 s = ____ min ____ s b) 85 min = ____ h ____ min
c) 70 s = ____ min ____ s d) 310 min = ____ h ____ min
e) 25 h = ____ d ____ h f) 425 s = ____ min ____ s
g) 100 h = ____ d ____ h h) 1000 min = ____ h ____ min

5 Wie viel Zeit ist vergangen? Trage auf den Pfeilen ein.

a) 08:00 Uhr — min → 08:37 Uhr b) 09:12 Uhr — min → 09:58 Uhr
c) 10:45 Uhr — min → 12:32 Uhr d) 06:11 Uhr — h min → 14:05 Uhr

6 Wie viel fehlt bis zur nächstgrößeren Einheit?

a) 55 s: ____ b) 40 min: ____ c) 20 h: ____
d) 17 min: ____ e) 18 h: ____ f) 8 s: ____

7 Wie lange dauert es …

a) … bis zur nächsten Mathematikstunde? ____
b) … bis zu deinem nächsten Geburtstag? ____

Info:
So kürzt man Zeiteinheiten ab:
Sekunde – s
Minute – min
Stunde – h
Tag – d
Jahr – a

Tipp:
Achte auf den Unterschied zwischen Zeitspanne und Zeitpunkt.

Info:
1 d = 24 h
1 h = 60 min
1 min = 60 s

58 Größen

Jedes Kapitel endet mit einem **Lernrückblick**.

Wenn du diese Aufgaben lösen kannst, hast du eine gute Grundlage für den weiteren Unterricht.

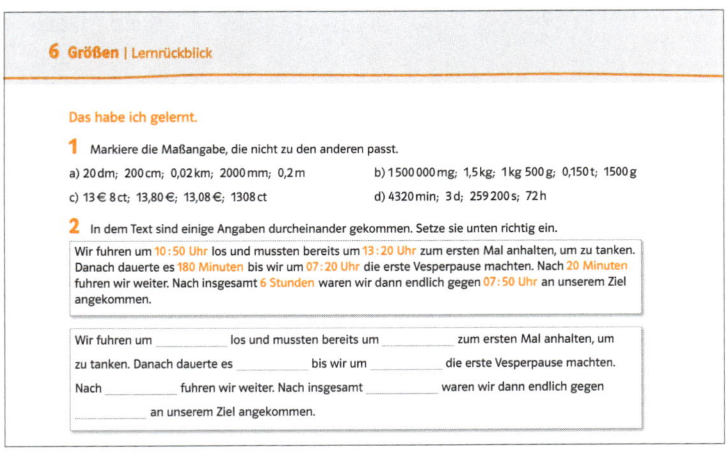
6 Größen | Lernrückblick

Das habe ich gelernt.

1 Markiere die Maßangabe, die nicht zu den anderen passt.

a) 20 dm; 200 cm; 0,02 km; 2000 mm; 0,2 m
b) 1 500 000 mg; 1,5 kg; 1 kg 500 g; 0,150 t; 1500 g
c) 13 € 8 ct; 13,80 €; 13,08 €; 1308 ct
d) 4320 min; 3 d; 259 200 s; 72 h

2 In dem Text sind einige Angaben durcheinander gekommen. Setze sie unten richtig ein.

Wir fuhren um 10:50 Uhr los und mussten bereits um 13:20 Uhr zum ersten Mal anhalten, um zu tanken. Danach dauerte es 180 Minuten bis wir um 07:20 Uhr die erste Vesperpause machten. Nach 20 Minuten fuhren wir weiter. Nach insgesamt 6 Stunden waren wir dann endlich gegen 07:50 Uhr an unserem Ziel angekommen.

Wir fuhren um ______ los und mussten bereits um ______ zum ersten Mal anhalten, um zu tanken. Danach dauerte es ______ bis wir um ______ die erste Vesperpause machten. Nach ______ fuhren wir weiter. Nach insgesamt ______ waren wir dann endlich gegen ______ an unserem Ziel angekommen.

Jetzt kannst du loslegen – 73 Seiten voller Aufgaben und Entdeckungen warten auf dich! Wir wünschen dir viel Spaß und Erfolg beim „Mathematik-Können“!

Dein Autorenteam

Wo stehe ich?

Ich kann …	So schätze ich mich selbst ein:	Meine Testergebnisse:
1 aus Diagrammen Werte entnehmen.	☺ 😐 ☹	☺ 😐 ☹
2 einfache Diagramme erstellen.	☺ 😐 ☹	☺ 😐 ☹
3 Zahlen auf einem Zahlenstrahl eintragen und ablesen.	☺ 😐 ☹	☺ 😐 ☹
4 Zahlen nach der Größe ordnen.	☺ 😐 ☹	☺ 😐 ☹
5 Zahlen in die Stellenwerttafel eintragen und ablesen.	☺ 😐 ☹	☺ 😐 ☹
6 große Zahlen lesen und in Worten schreiben.	☺ 😐 ☹	☺ 😐 ☹
7 Zahlen runden.	☺ 😐 ☹	☺ 😐 ☹

Test zur Überprüfung deiner Selbsteinschätzung

1 Welches Tier ist dein Lieblingshaustier? In der Klasse 5 a ergab eine Umfrage dazu folgendes Diagramm.

a) Gib jeweils die Anzahl der Tiere an.

Hund: _______ Katze: _______

Meerschweinchen: _______

Hamster: _______ andere: _______

b) Wie viele Schülerinnen und Schüler sind in der Klasse? _______

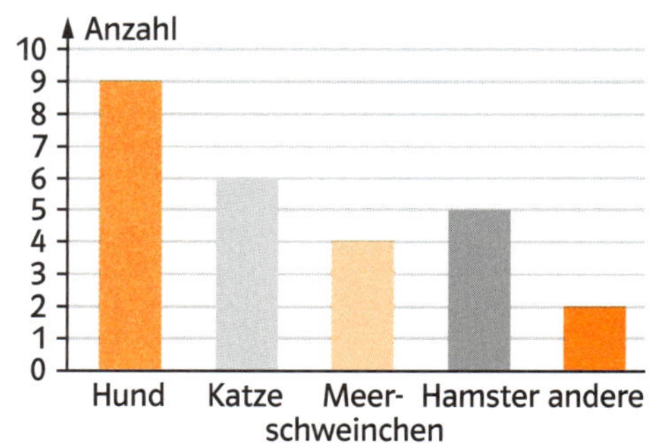

☺ 😐 ☹

Ich übe nochmal:
→ Seite 6 | Aufgabe 1

2 In der Parallelklasse 5 b wurden folgende Zahlen erhoben. Zeichne dazu ein Diagramm.

Hund: 卌 卌 I Katze: IIII
Hamster: III Fische: II
Wellensittich: 卌 II

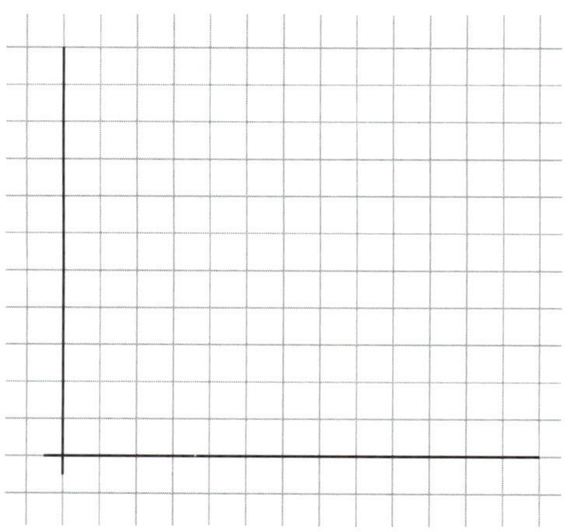

☺ 😐 ☹

Ich übe nochmal:
→ Seite 6 | Aufgabe 2

3 a) Welche Zahlen sind durch Pfeile markiert?

b) Markiere die Zahlen 385; 425 und 430.

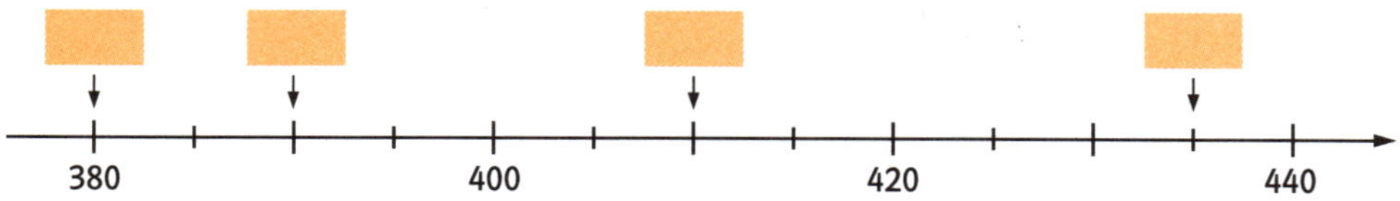

☺ 😐 ☹
Ich übe nochmal:
→ Seite 7 | Aufgaben 3 und 4

4 Ordne die Zahlen der Größe nach. Beginne mit der kleinsten Zahl.

4392 3429 4932 3924 3294 4239

______ < ______ < ______ < ______ < ______ < ______

☺ 😐 ☹
Ich übe nochmal:
→ Seite 7 | Aufgabe 2

5 a) Welche Zahlen sind in der Stellenwerttafel dargestellt?

T	H	Z	E
●●● ●●● ●	●●● ●	●●● ●●	●

______

T	H	Z	E
●●● ●●● ●●●		●●● ●●● ●	●●● ●●

______

ZT	T	H	Z	E
●●● ●●			●●●	●

______

b) Färbe gleiche Zahlen mit derselben Farbe. Eine Zahl hat keinen Partner.

6T 4Z 5E | 8T 1Z 7E | 6045 | 8H 1Z 7E | 6450 | 5920 | 8017 | 5T 9H 2Z | 817

☺ 😐 ☹
Ich übe nochmal:
→ Seite 8 | Aufgabe 3

6 a) Schreibe als Zahl.

Achtundzwanzigtausendneunhundertdreiundfünfzig ______

Vierhundertdreizehntausendneunundsiebzig ______

b) Schreibe in Worten.

11 785 ______

654 321 ______

☺ 😐 ☹
Ich übe nochmal:
→ Seite 8 | Aufgaben 1 und 2

7 Runde die Zahlen wie angegeben.

a) 574 auf Zehner ______

b) 8050 auf Hunderter ______

c) 74 599 auf Tausender ______

d) 105 499 auf Zehntausender ______

☺ 😐 ☹
Ich übe nochmal:
→ Seite 10 | Aufgaben 2 und 3

1 Jeder Fünftklässler gab seine Lieblingssportart an.

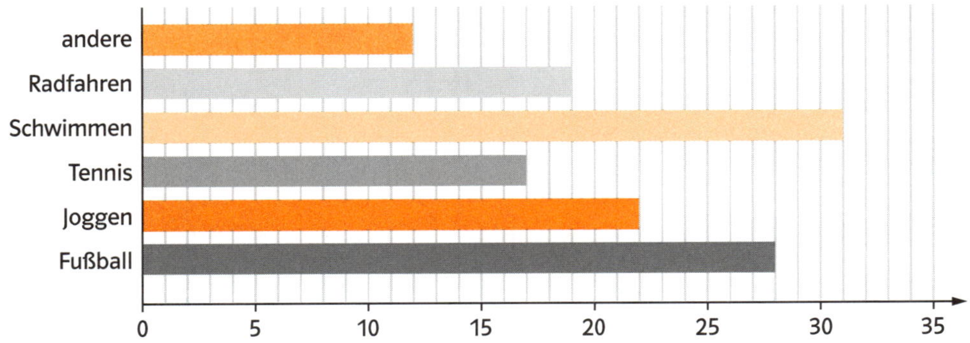

a) Bestimme die Anzahl.

Fußball ______ Joggen ______ Tennis ______

Schwimmen ______ Radfahren ______ andere Sportarten ______

b) Wie viele Schülerinnen und Schüler wurden insgesamt befragt? ______

2 Aus der Strichliste lassen sich die Lieblingseissorten der Klasse 5 c ablesen.

Erdbeer	Vanille	Zitrone	Schoko	Nuss
卌 I	卌	II	卌 II	IIII

a) Erstelle ein Säulendiagramm.

b) Die beliebteste Eissorte ist

______ .

______ wird

nur zweimal genannt.

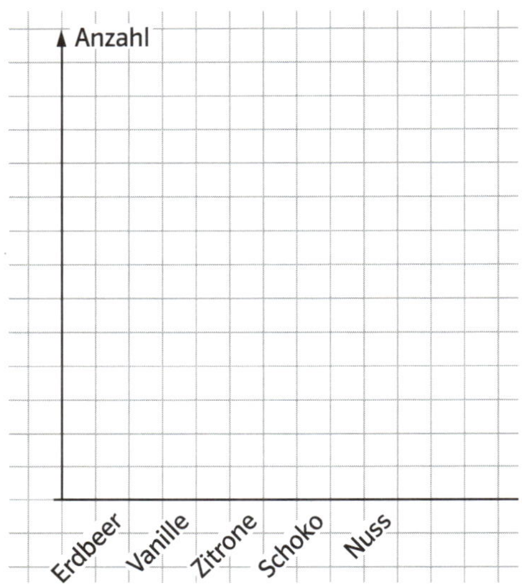

3 So kommen die 200 Fünft- und Sechstklässler am Morgen zur Schule.

zu Fuß	
Fahrrad	40
Bus	75
„Elterntaxi"	

a) Vervollständige die Tabelle und das Diagramm.

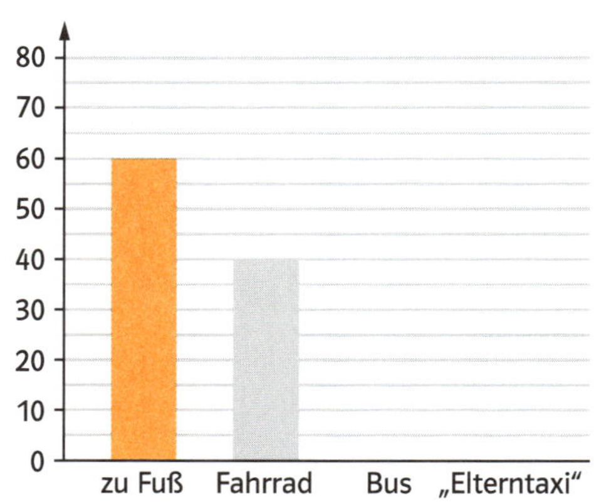

b) Die meisten Fünft- und Sechstklässler kommen ______ zur Schule.

Tipp:
Bei Strichlisten ist jeder fünfte Strich ein Querstrich.

卌

Dadurch kannst du leichter zählen.

Info:

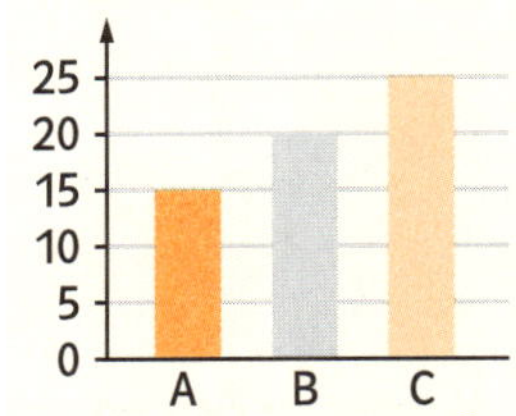

Säulendiagramm

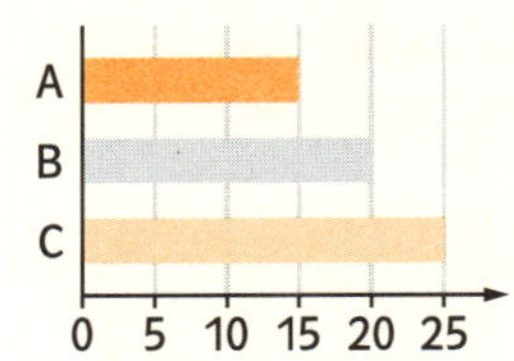

Balkendiagramm

1 Setze < oder > ein.

a) 78 ☐ 87 b) 877 ☐ 788 c) 7878 ☐ 7788 d) 88 778 ☐ 88 877

2 Ordne nach der Größe. Beginne mit der größten Zahl.

54 354 45 345 34 545 54 435 54 345 45 435

_____ > _____ > _____ > _____ > _____ > _____

3 Welche Zahlen sind durch die Pfeile markiert?

a)

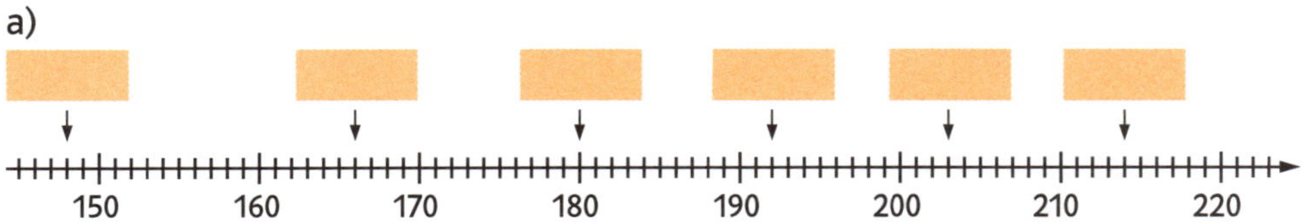

b)

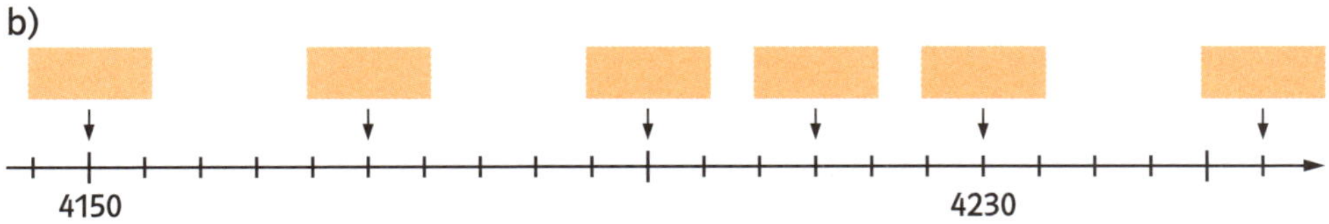

4 a) Markiere die Zahlen 765; 790; 805; 820 und 845 auf dem Zahlenstrahl.

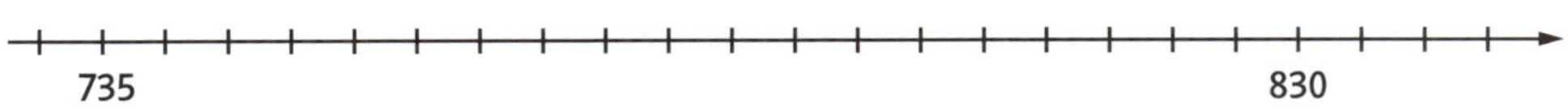

b) Markiere die Zahlen 9790; 9870; 9900; 9980 und 10 010 auf dem Zahlenstrahl.

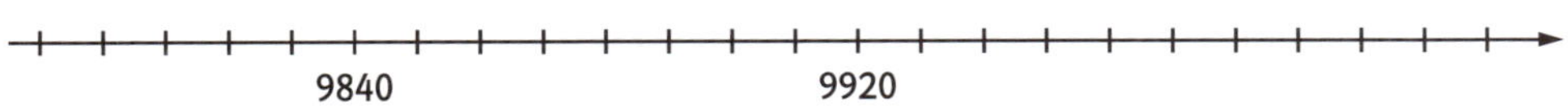

c) Markiere die Zahlen 98 910; 98 889; 98 899; 98 898 und 98 909 auf dem Zahlenstrahl.

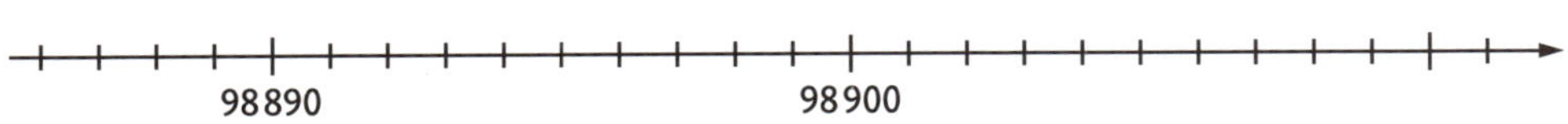

5 Die Zahl A liegt in der Mitte von 400 und 1000. Die Zahl B liegt in der Mitte von 400 und A. Die Zahl C liegt in der Mitte von A und 1000.

a) Wie heißen die Zahlen A, B und C?

A _____ B _____ C _____

b) Um wie viel ist die Zahl C größer als die Zahl B?

Die Zahl C ist um _____ größer als die Zahl B.

Tipp:
Das Krokodil frisst immer die größere Zahl.
25 > 23

Info:
Zahlwörter unter einer Million werden klein und zusammengeschrieben.

Beispiel:
47298 – siebenundvierzigtausendzweihundertachtundneunzig

1 Schreibe mit Ziffern.

a) viertausendzweihundertzwölf ______

b) neunundachtzigtausendsiebenundvierzig ______

c) fünfhundertfünfundfünfzigtausendundfünf ______

2 Schreibe als Wort.

a) 876 ______

b) 2056 ______

c) 400 004 ______

3 Welcher Eisenbahnwaggon hat keinen Partner im unteren Zug? ______

4 Paul wirft mit fünf Würfeln und überlegt, welche Zahlen entstehen können.

a) Wie heißt die zweitkleinste Zahl?

b) Wie heißt die drittgrößte Zahl?

c) Wie heißt die siebtgrößte Zahl?

d) Wie heißt die größte Zahl mit verschiedenen Ziffern?

5 Verwende jede Ziffer nur einmal. Bilde aus den fünf Ziffern

a) die größte ungerade Zahl: ______

b) eine möglichst kleine, gerade Zahl: ______

c) eine Zahl möglichst nahe an der Zahl 50 000: ______

6 Toms Fahrradcomputer zeigt folgenden Kilometerstand an:

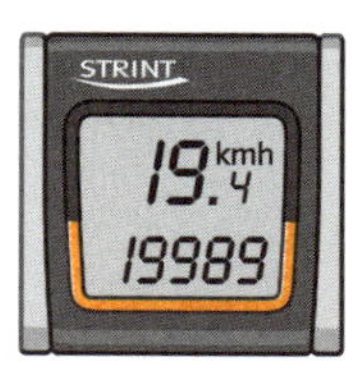

a) Schreibe den Kilometerstand in Worten.

______

b) Schreibe die nächsten zwölf Zahlen auf, die in der Anzeige erscheinen.

______ ______ ______
______ ______ ______
______ ______ ______
______ ______ ______

1 Fülle die Lücken aus.

a) 1 Million = ____________ Tausender

b) 1 Milliarde = ____________ Millionen

c) 1 Billion = 1000 ____________

d) 1 Billiarde = 1000 ____________

e) 1 Billion = ____________ Millionen

f) 1 ____________ = 1 000 000 Tausender

2 Schreibe mit Ziffern.

a) siebzehn Millionen dreihundertachtundvierzigtausendsechshundertzweiundfünfzig ____________

b) neunzig Milliarden siebzig Millionen sechshunderttausendfünfhundert ____________

3 Welche Zahl liegt in der Mitte von

a) 1000 und 10 000? ____________

b) 10 000 und 100 000? ____________

c) 1 Million und 1 Milliarde? ____________

4 Wie heißt

a) der Vorgänger von 1 000 000? ____________

b) der Nachfolger von 29 299 299? ____________

c) der am nächsten gelegene Tausender von 844 502? ____________

d) der am nächsten gelegene Hunderttausender von 2 499 099? ____________

5 Lege mit den Kärtchen 141 | 1 | 13 | 2 | 10 eine

a) möglichst große Zahl. ____________

b) möglichst kleine neunstellige Zahl. ____________

c) möglichst große achtstellige Zahl. ____________

d) möglichst kleine siebenstellige Zahl. ____________

e) möglichst große ungerade Zahl. ____________

f) eine Zahl, die möglichst nahe an einer Million liegt. ____________

6 Die Weltbevölkerung wächst immer schneller. Seit dem 31. 10. 2011 leben mehr als sieben Milliarden Menschen auf der Erde. Pro Tag kommen weltweit ungefähr zweihundertachtundzwanzigtausend Menschen dazu. Das ist ein jährlicher Zuwachs von knapp dreiundachtzig Millionen. Das sind ca. eine Million Menschen mehr als im Jahre 2012 in Deutschland leben. In China und Indien leben zusammen zwei Milliarden fünfhundert Millionen Menschen.
Schreibe die Angaben als Zahlenwerte auf.

____
____
____
____
____

Tipp:
Achte auf die Nullen.
1 Tausender hat 3 Nullen.
1 Million hat 6 Nullen.
1 Milliarde hat 9 Nullen.
1 Billion hat 12 Nullen.

1 Beispiel: Hier wurde auf Zehner gerundet.

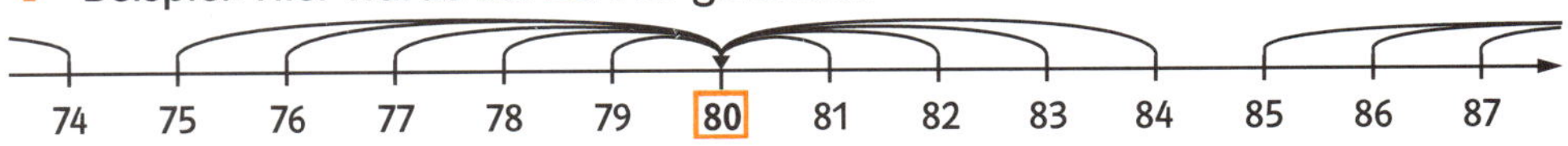

a) Runde auf Zehner. Zeichne wie im Beispiel die Bögen ein.

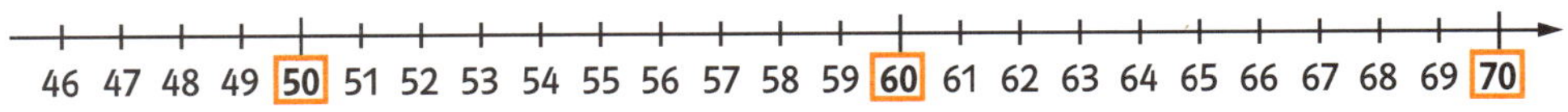

b) Runde auf Hunderter. Zeichne wie im Beispiel die Bögen ein.

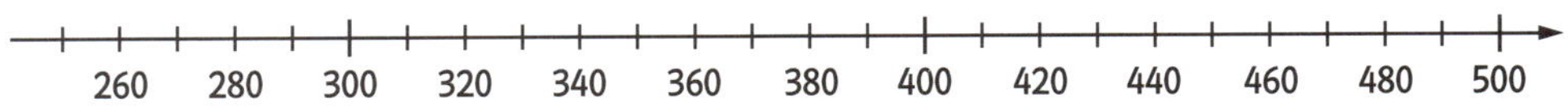

Tipp:
≈ wird „ungefähr gleich" gelesen.

2 a) Runde auf Zehner.

489 ≈ ________ 1704 ≈ ________

b) Runde auf Hunderter.

851 ≈ ________ 6547 ≈ ________

c) Runde auf Tausender.

45 479 ≈ ________ 18 501 ≈ ________

d) Runde auf Zehntausender.

367 294 ≈ ________ 185 000 ≈ ________

Tipp:
Hier rundest du ab:

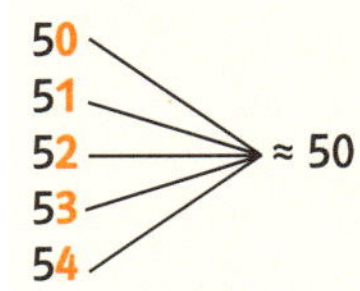

Hier rundest du auf:

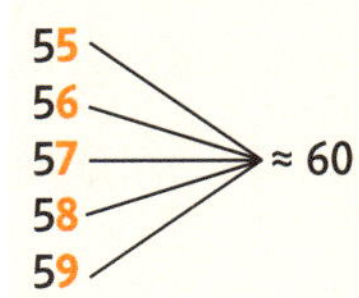

3 Runde auf **Z**ehner, **H**underter, **T**ausender und **Z**ehn**t**ausender.
Fülle die Tabelle aus.

Zahl	Zehner **Z**	Hunderter **H**	Tausender **T**	Zehntausender **ZT**
9 463				
25 849				
150 451				
945 637				
5 454 545				

4 Immer drei Kärtchen gehören zusammen. Eine gerundete Zahl und zwei ungerundete. Färbe die drei zusammengehörenden Kärtchen mit derselben Farbe.

7542 | 6670 | 7600 | 6700 | 7552 | 7642 | 7500 | 7454 | 6745

Sind die Päckchen dieselben, wenn man auf den nächsten Tausender rundet? Begründe.

________, weil ____.

5 Das Diagramm zeigt das maximale Fassungsvermögen von fünf Bundesligastadien. Wie viele Zuschauer passen ungefähr in die ausverkauften Stadien?

Allianz-Arena ________________

Olympiastadion ________________

Signal-Iduna-Park ________________

Mercedes-Benz-Arena ________________

In der Rhein-Neckar-Arena waren bei einem Heimspiel 27783 Zuschauer.

War das Spiel ausverkauft? ________

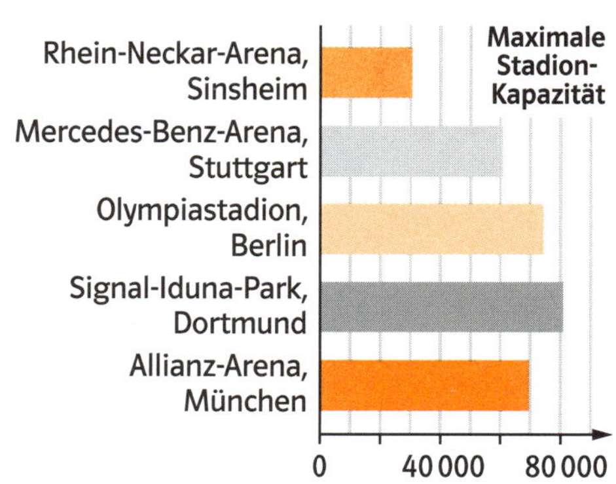

1 Wandle mithilfe der Stellenwerttafel ins Zehnersystem um.

Beispiel: 101011_2 =

64	32	16	8	4	2	1
0	1	0	1	0	1	1

$101011_2 = 1 \cdot 32 + 0 \cdot 16 + 1 \cdot 8 + 0 \cdot 4 + 1 \cdot 2 + 1 \cdot 1 = 32 + 0 + 8 + 0 + 2 + 1 = 43$

a)

64	32	16	8	4	2	1
1	0	0	0	0	0	0

$1000000_2 = 1 \cdot 64 + 0 \cdot 32 + 0 \cdot 16 + 0 \cdot$ ____ $+ 0 \cdot$ ____ $+ 0 \cdot$ ____ $+$ ____ $\cdot$ ____ $=$ ____

b)

64	32	16	8	4	2	1
0	0	0	1	1	1	1

$1111_2 = 1 \cdot$ ____ $+$ ____ $\cdot 4 + 1 \cdot$ ____ $+ 1 \cdot$ ____ $= 8 + 4 + 2 + 1 =$ ____

c)

64	32	16	8	4	2	1
0	1	0	1	0	1	0

$101010_2 =$ ____

Info:
Im Zweiersystem werden alle Zahlen mit Einsen und Nullen geschrieben.

Tipp:
Jede Zahl (größer null) im Zweiersystem wird von links nach rechts gelesen.

Tipp:
1011_2 wird gelesen eins, null, eins, eins im Zweiersystem.

Tipp:
Die Stellenwerte im Zweiersystem heißen:

64	32	16	8	4	2	1

2 Wandle ins Zehnersystem um.

a) $101_2 =$ ____ b) $1101_2 =$ ____

c) $1011_2 =$ ____ d) $11011_2 =$ ____

e) $101011_2 =$ ____ f) $111101_2 =$ ____

3 Vervollständige die Tabelle.

Zehner-system	Zweiersystem					Zehner-system	Zweiersystem					Zehner-system	Zweiersystem				
	16	8	4	2	1		16	8	4	2	1		16	8	4	2	1
10						11						12					
13						14						15					
16						17						18					
19						20						21					
22						23						24					

4 Paul rechnet die Zahl 29 ins Zweiersystem um. Korrigiere seine Fehler.

29 − **16** = 13
13 − **8** = 5
5 − **4** = 1
1 − **1** = 0

32	16	8	4	2	1
1	1	1	0	1	0

5 Rechne ins Zweiersystem um.

a) $9 = 1 \cdot 8 + 0 \cdot 4 +$ ____ $+$ ____ $= 1001_2$ b) $17 = 1 \cdot 16 +$ ____ $=$ ____

c) $28 = 1 \cdot 16 +$ ____ $+ 1 \cdot 4 +$ ____ $+$ ____ $=$ ____

6 Immer zwei Kärtchen gehören zusammen. Färbe mit gleicher Farbe.

19 | 33 | 100001_2 | 14 | 10011_2 | 57 | 1110_2 | 111001_2

1 Schreibe im Zehnersystem.

Beispiel: CCXIV = 100 + 100 + 10 + 4 = 214

a) XVIII ____________ b) XXVI ____________

c) LXXV ____________ d) CLXXII ____________

e) XIX ____________ f) CCXL ____________

2 Schreibe mit römischen Zahlzeichen.

Beispiel: 43 = XLIII

a) 12 ____________ b) 18 ____________

c) 56 ____________ d) 88 ____________

e) 134 ____________ f) 444 ____________

3 Verbinde die Dominosteine wie im Beispiel.

Beispiel: Start | 27 → XXVII | Ziel

Start | 37

XIV | 29

LXII | 49

XLIX | 23

XXXVI | 14

XXIII | 36

XXXVII | 62

XXIX | 74

LXXIV | Ziel

4 Zähle mit römischen Zahlzeichen von 995 bis 1005.

____

____

5 Mit den römischen Zahlzeichen lassen sich Zahlen legen.

X D X L V I X C M

a) Lege mit allen Kärtchen eine möglichst große Zahl.

____

b) Wie heißt die kleinste Zahl, die du mit genau vier Kärtchen legen kannst?

____

c) Lässt sich die Zahl 944 legen? Wie viele Kärtchen brauchst du dafür?

____

6 Römische Zahlzeichen findet man auch an Gebäuden.
Wann wurde das Haus gebaut?

____

____

Info:
Die römische Zahlzeichen werden von links nach rechts gelesen.
I = 1
V = 5
X = 10
L = 50
C = 100
D = 500
M = 1000

Stehen die Zeichen I, X oder C vor einem Zeichen mit höherem Wert, so wird subtrahiert.
IV = 4
IX = 9

Das habe ich gelernt.

1 Die Schülerinnen und Schüler der Klasse 5 a wurden nach ihrem Lieblingsessen gefragt.

Spaghetti	Pommes	Milchreis	Pizza	anderes
𝍸 𝍸 II	𝍸 𝍸	𝍸	𝍸 II	𝍸 I

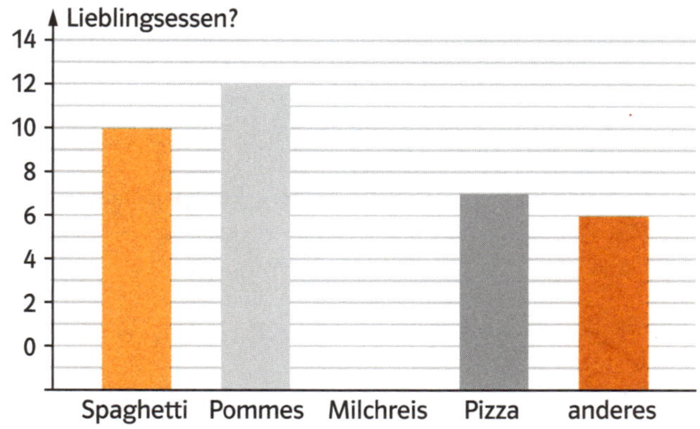

a) Zeichne den fehlenden Balken für Milchreis in das Diagramm ein.

b) Welcher Fehler wurde beim Zeichnen des Diagramms gemacht? Korrigiere.

____

c) Joanna meint: „Wir sind doch nur 25 Schülerinnen und Schüler in der Klasse. Irgendetwas stimmt da nicht." Was meint Joanna?

____

____

2 Was wurde bei der Zeichnung dieses Zahlenstrahls falsch gemacht?

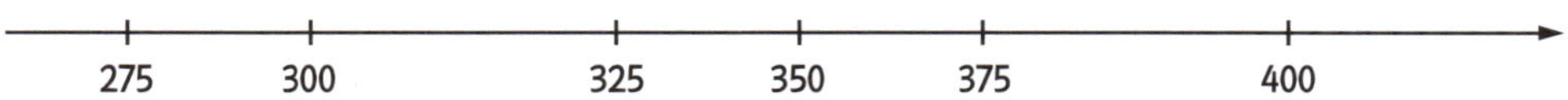

____

3 Auf den Feldern der Stellentafel liegen 14 Plättchen.

T	H	Z	E
●●●●	●●●●●●●	●	●●

a) Wie heißt die Zahl? ______________________________

b) Eines der 14 Plättchen darf an eine andere Stelle verlegt werden.
Wie heißt die größte, wie die kleinste Zahl, die dadurch entsteht? Größte Zahl: ________ Kleinste Zahl: ________

c) Wie viele unterschiedliche Zahlen lassen sich insgesamt bilden, wenn eines der 14 Plättchen an eine andere Stelle gelegt wird? ______________

4 Von den vier Behauptungen sind zwei falsch. Verbessere.

	richtig	falsch
a) Wenn man eine Zahl verzehnfacht, rücken alle Ziffern in der Stellenwerttafel um eine Stelle nach links.	☐	☐
b) Die Zahl 250 liegt in der Mitte von 101 und 399.	☐	☐
c) Die Zahl zwölf Millionen achthundertzweiundsechzigtausendfünfhunderteinundneunzig wird mit acht verschiedenen Ziffern geschrieben.	☐	☐
d) Wenn eine Zahl durch 10 geteilt wird, werden aus den Tausendern Zehner und aus den Hundertern Einer.	☐	☐

____

____

5 Kreuze an, welche Angabe man sinnvoll runden kann.

- ☐ Telefonnummer der Notrettung
- ☐ Geburtstag deines Lehrers
- ☐ Höhe des Mt. Everest
- ☐ Entfernung zwischen Berlin und Hamburg
- ☐ Anzahl der Besucher eines Fußball-Länderspiels
- ☐ die Siegerzeit beim Marathonlauf

Wo stehe ich?

Ich kann …	So schätze ich mich selbst ein:	Meine Testergebnisse:
1 im Zahlenraum bis 1000 im Kopf addieren.	☺ 😐 ☹	☺ 😐 ☹
2 schriftlich addieren.	☺ 😐 ☹	☺ 😐 ☹
3 im Zahlenraum bis 100 im Kopf subtrahieren.	☺ 😐 ☹	☺ 😐 ☹
4 schriftlich subtrahieren.	☺ 😐 ☹	☺ 😐 ☹
5 mehrgliedrige Summen und Differenzen berechnen.	☺ 😐 ☹	☺ 😐 ☹

Test zur Überprüfung deiner Selbsteinschätzung

1 Addiere im Kopf.

a) 31 + 65 = ______ b) 45 + 55 = ______ c) 78 + 24 = ______
d) 430 + 90 = ______ e) 560 + 260 = ______ f) 135 + 590 = ______

☺ 😐 ☹
Ich übe nochmal:
→ Seite 15 | Aufgaben 1, 2 und 3

2 Berechne schriftlich.

a) 5613 + 4475 b) 1234 + 4567 + 890 c) 12 + 345 + 6789 + 9090

☺ 😐 ☹
Ich übe nochmal:
→ Seite 15 | Aufgabe 4

3 Subtrahiere im Kopf.

a) 39 – 25 = ______ b) 99 – 79 = ______ c) 40 – 16 = ______
d) 64 – 15 = ______ e) 86 – 29 = ______ f) 93 – 87 = ______

☺ 😐 ☹
Ich übe nochmal:
→ Seite 16 | Aufgaben 1 und 2

4 Berechne schriftlich.

a) 4508 – 3406 b) 65701 – 3562 c) 4689 – 2440 – 657

☺ 😐 ☹
Ich übe nochmal:
→ Seite 16 | Aufgaben 3 und 5

5 Berechne. Nutze Rechenvorteile.

a) 130 – 45 + 75 b) 100 – 53 + 45 – 47 + 25 c) 1345 – 267 + 367 – 345

☺ 😐 ☹
Ich übe nochmal:
→ Seite 18 | Aufgaben 1, 3 und 5

1 Addiere im Kopf.

a) 63 + 75 = ______ b) 33 + 47 = ______ c) 49 + 48 = ______

d) 260 + 520 = ______ e) 350 + 480 = ______ f) 40 + 50 + 60 = ______

2 Welche Zahlenpaare lassen sich leicht im Kopf addieren? Markiere sie in der gleichen Farbe.

73 91 46 54 135 9 65 27

3 Berechne möglichst im Kopf.

a) 238 + 62 = ______ b) 238 + 262 = ______ c) 298 + 302 = ______

d) 5640 + 90 = ______ e) 5640 + 990 = ______ f) 5640 + 9990 = ______

4 Berechne schriftlich.

a) 36 852 + 63 147 b) 96 543 + 3457 c) 90 125 + 9876

d) 255 + 378 + 960 + 407 e) 123 456 + 1 234 567 + 12 345 678 + 123 456 789

5 Bilde eine Summe, deren Wert nahe bei 1000 liegt. Finde mehrere Lösungen.

Wie kannst du möglichst viele Zahlen verwenden? ______

235 178 186 399 365 211

6 Schreibe jeweils in den darüberstehenden Mauerstein die Summen von zwei benachbarten Steinen.

a)

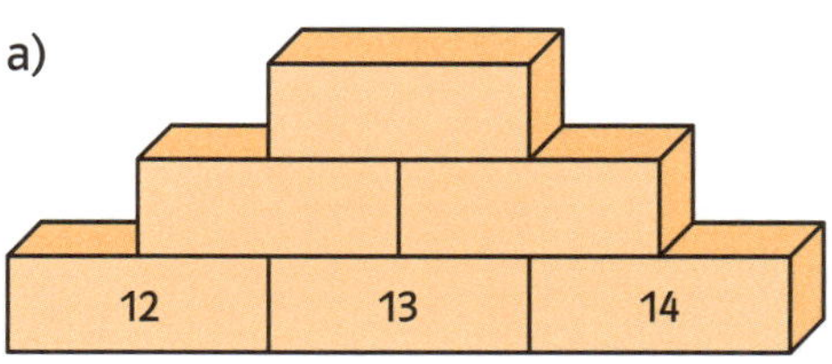

b)

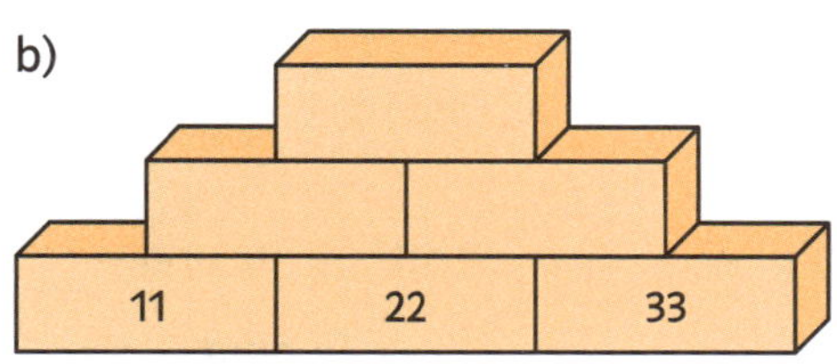

c) Ersetze die Zahlen von a) durch 13, 14 und 15.
Welche Zahl erwartest du im obersten Stein?

______

d) Ersetze die Zahlen von b) durch 22, 44 und 66.
Welche Zahl erwartest du im obersten Stein?

______

e) Was ändert sich, wenn die Reihenfolge in der unteren Mauerreihe verändert wird?

______

______

1 Subtrahiere im Kopf.

a) 68 − 45 = ______ b) 100 − 36 = ______ c) 75 − 49 = ______

d) 480 − 350 = ______ e) 420 − 350 = ______ f) 400 − 345 = ______

g) 49 − 19 − 23 = ______ h) 100 − 90 − 9 − 1 = ______ i) 99 − 49 − 49 = ______

2 Subtrahiere im Kopf.

a)

	−5	−50	−55
95			
955			
9555			

b)

	−5	−50	−55
895			
900			
905			

c)

	−15	−60	−565
195			
285			
375			

3 Berechne schriftlich.

a) 689 − 356 b) 5260 − 816 c) 60 003 − 4448

d) 987 − 634 − 32 e) 4444 − 333 − 22 − 1 f) 1111 − 222 − 33 − 4

Tipp:
Schreibe die Zahlen zuerst stellengerecht untereinander und subtrahiere dann stellenweise.

Beispiel:

	1	2	3	4
−		4	3	2
−			2	3
	1	1	1	
		7	7	9

4 Je drei Differenzen haben das gleiche Ergebnis. Färbe sie gleich ein.

333 − 330 | A 330 − 297 | B 320 − 290 | C 666 − 633 | D 660 − 630 | E

662 − 659 | F 990 − 957 | G 909 − 906 | H 999 − 969 | I

5 Welche Fehler wurden gemacht? Suche und verbessere sie.

Sarah

	4	7	0	8
−	2	3	1	9
	2	4	9	9

Roman

	4	7	0	8
−	2	3	1	9
	7	0	2	7

Marlene

	4	7	0	8
−	2	3	1	9
	2	3	8	9

Sarah hat ______________________

Roman hat ______________________

Marlene hat ______________________

6 Benachbarte Steine werden subtrahiert. Ergänze die fehlenden Zahlen.

a)

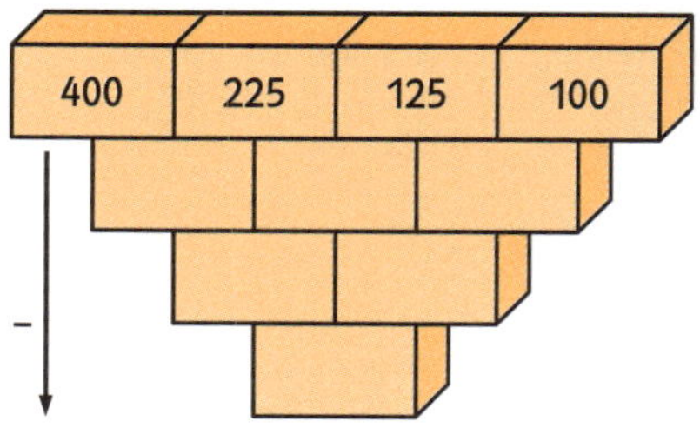

b)

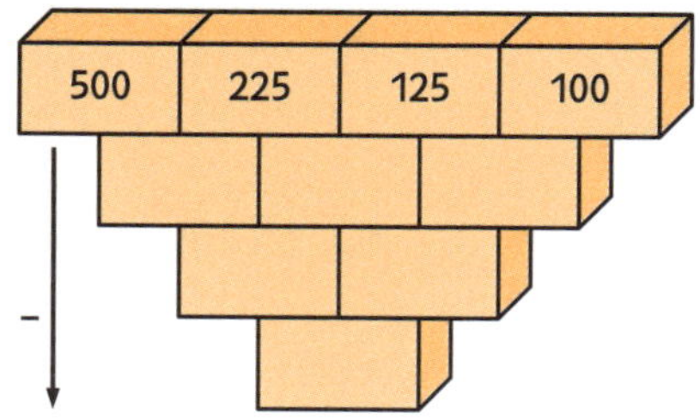

c) Welches Ergebnis erwartest du, wenn du links oben 600 oder 700 einsetzt? Prüfe nach.

____

____

7 Ergänze die fehlenden Zahlen in den unteren vier Reihen. Für die obere Reihe hast du mehrere Möglichkeiten. Suche eine Lösung mit kleinen Zahlen.

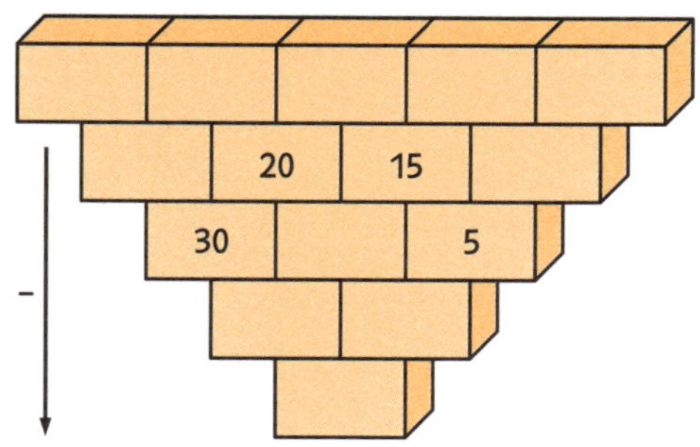

8 Fülle die leeren Felder aus.

a)

840	+	320	=	
–		–		–
225	+	105	=	
=		=		=
	+		=	

b)

666	+	555	=	
–		–		–
444	+	333	=	
–		–		–
111	+	222	=	
=		=		=
	+		=	

9 Ersetze die fehlenden Ziffern.

a)

	5		1	
–		3		8
	3	0	3	8

b)

	9	6		
–			6	2
–		3	4	3
		3	2	0

c)

	5	6		8
–			5	6
–			3	2
		1	9	

10 OTTO und TOTO? Zahlen wie 3443; 5995 oder 6116 nennen wir OTTO-Zahlen. Entsprechend heißen dann 4343; 9595 oder 1616 TOTO-Zahlen. Bilde selbst OTTO-Zahlen und subtrahiere die entsprechenden TOTO-Zahlen.

Was musst du bei der Bildung der Zahlen beachten? Erkläre.

____

____

1 Rechne im Kopf.

a) 10 − 9 + 8 − 7 + 6 − 5 = ______ b) 10 − 1 − 2 − 3 − 4 = ______

c) 4 + 5 − 6 + 7 − 8 + 9 − 10 = ______ d) 9 + 8 + 7 − 6 − 5 − 3 − 2 = ______

Tipp:
Rechne bei mehrgliedrigen Summen und Differenzen ohne Klammern von links nach rechts.

2 Berechne. Veranschauliche dazu die Rechnung wie im Beispiel.

Beispiel:
15 − 3 − 8 = 4

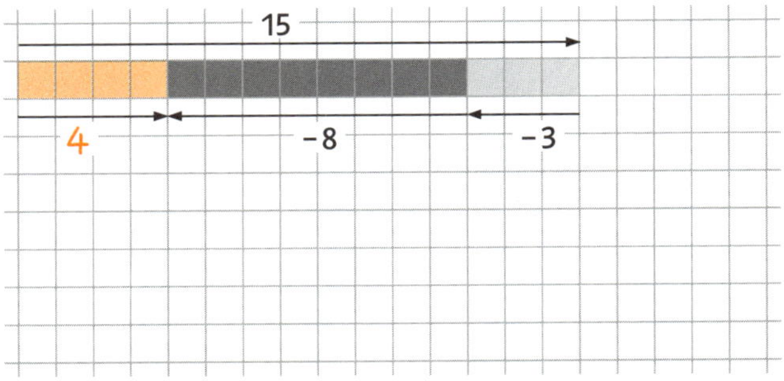

a) 10 − 7 − 2 = ______

b) 12 − 3 − 4 = ______

c) 14 − 6 − 5 − 3 = ______

3 Berechne.

a) 37 + 56 − 28 + 24 − 19 = ______ 48 − 24 + 36 − 60 = ______

b) 100 − 23 − 22 − 21 − 20 = ______ 4123 − 3123 + 2341 + 10 000 = ______

4 a) Ergänze + oder −.

25 ☐ 15 − 11 = 29 33 ☐ 22 + 44 = 55 ☐ 56 − 34 − 21 = 1

b) Ergänze die fehlenden Zahlen und + oder −.

17 + 23 ☐ ☐ = 35 234 ☐ ☐ − 104 = 65 ☐ ☐ − 17 − 11 = 22

5 Vertausche die Zahlen so, dass du vorteilhaft rechnen kannst.

a) 12 + 35 − 44 + 45 − 6 = ______ b) 100 − 23 + 55 − 27 − 5 = ______

c) 200 − 29 − 21 + 100 + 31 = ______ d) 12 + 34 − 15 + 60 − 35 = ______

Tipp:
Du kannst dir die Zahlen mit + und − als Kärtchen vorstellen, die du dann beliebig vertauschen kannst.

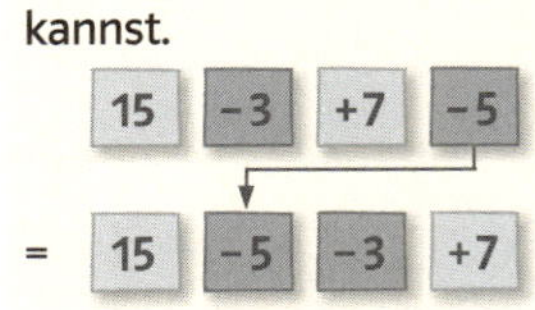

6 a) Addiere zur Differenz von 17 und 7 die Summe der beiden Zahlen.

______

b) Subtrahiere die Differenz von 17 und 7 von der Summe der beiden Zahlen.

______

7 a) Ergänze die Zahlenmauer.

b) Wie ändert sich die Doppelmauer, wenn man die 100 durch 200 ersetzt?

______

c) Was ändert sich an der Doppelmauer, wenn 210 durch 200 ersetzt wird?

______

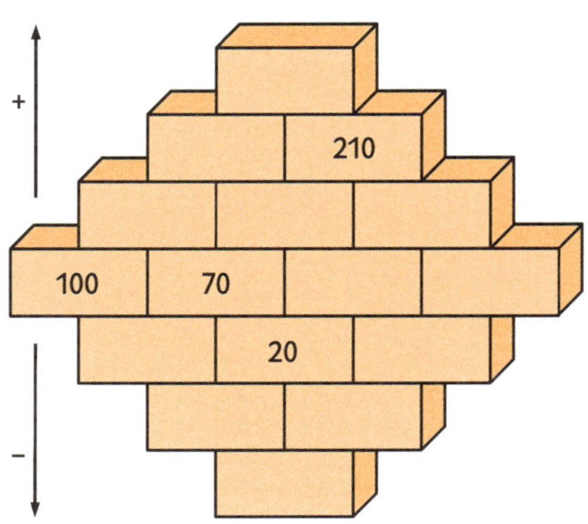

Tipp:
Berechne in der Mauer nach oben die Summe der benachbarten Steine und nach unten die Differenz der benachbarten Steine.

8 Berechne.

a) 100 + (50 + 25) = ______ b) 20 + (15 + 10) + 5 = ______
100 − (50 + 25) = ______ 20 − (15 − 10) + 5 = ______
100 − (50 − 25) = ______ 20 − (15 − 10) − 5 = ______
100 + (50 − 25) = ______ 20 + (15 − 10) − 5 = ______

Tipp:
Was in Klammern steht, wird zuerst gerechnet.

9 Berechne. Vorsicht bei den Aufgaben mit Klammern!

a) 111 − 36 + 24 − 18 + 12 = ______ b) 215 + 185 − 85 − 15 = ______
111 − (36 + 24) − 18 + 12 = ______ 215 + (185 − 85) − 15 = ______
111 − (36 + 24) − (18 + 12) = ______ 215 + (185 − 85 + 15) = ______
111 − (36 + 24 − 18) + 12 = ______ 215 + 185 − (85 − 15) = ______
111 − (36 + 24 − 18 + 12) = ______ (215 + 185) − 85 − 15 = ______

Tipp:
Die Klammer hat Vorfahrt.

10 Setze Klammern, dann stimmt die Rechnung.

a) 60 + 32 − 11 = 81 b) 60 − 32 + 11 = 17 c) 60 − 32 − 11 = 17
60 + 32 − 11 + 9 = 72 60 + 32 − 11 + 9 = 90 60 − 32 − 11 − 9 = 30
60 − 32 − 11 + 9 = 48 60 − 32 − 11 + 9 = 8 60 − 32 − 11 − 9 = 26

11 Es genügt eine Subtraktion. Schreibe die Aufgabe mit Klammern ( ) und löse sie.

Beispiel: 220 − 64 − 36 = 220 − (64 + 36) = 220 − 100 = 120

a) 375 − 37 − 13 = ______

b) 1223 − 34 − 66 − 56 − 44 = ______

______

12 Ergänze Klammern, wenn nötig.

a) 32 − 15 − 10 = 27 b) 32 − 15 − 10 = 7
c) 32 − 15 + 10 = 27 d) 32 − 15 + 10 = 7

13 Hier fehlt jeweils nur eine Klammer.

a) 50 − (15 − 13 − 11 − 9 = 28 b) 50 − 15 − 13 − 11) − 9 = 24

14 Ergänze die fehlenden Zahlen und Rechenzeichen.

a) 36 + (80 ___ ___) = 51 b) 76 − (32 ___ ___) = 26 c) 86 − (25 ___ ___) = 66
36 + (___ − 80) = 51 76 − (___ − 32) = 26 86 − (___ − 25) = 66

Tipp:
Wenn + vor der Klammer steht, kann man die Klammer auch weglassen.

15 Färbe die drei Rechenausdrücke mit dem gleichen Wert gleich.

25 − (25 − 15) 52 + (32 − 15) 52 − (32 + 5)

25 − (15 − 5) 52 + (12 + 5) 25 + (52 − 8)

Das habe ich gelernt.

1 Je drei Zahlen ergeben die Summe 650. Ergänze selbst drei Zahlen, deren Summe 650 ergibt.

2 Ordne die Ergebnisse der Differenzen nach der Größe. Beginne mit dem kleinsten Wert.

425 – 136

638 – 350

625 – 340

441 – 131

651 – 365

______ < ______ < ______ < ______ < ______

3 Ergänze die fehlenden Ziffern.

a)

	1		4	3
+		2	5	
+	3	6		5
+		1	4	7
	7	9	8	7

b)

	4		6	8
–		3	5	
–		1	7	8
	3	0		8

c)

			2	5
–	7	8	4	
–		9		7
–			5	6
		2	0	0

4 Beim Test sind Jonas Fehler unterlaufen. Suche und korrigiere sie.

a) 254 – (154 – 97)
= 254 – 154 – 97
= 100 – 97
= 3

b) 50 – 23 – 12 – 11
= 50 – (23 – 12 – 11)
= 50 – 0
= 50

c) Was hat Jonas bei seiner Rechnung nicht beachtet?

Wo stehe ich?

Ich kann …	So schätze ich mich selbst ein:	Meine Testergebnisse:
1 das kleine Einmaleins im Kopf.	☺ 😐 ☹	☺ 😐 ☹
2 schriftlich mehrstellige Zahlen multiplizieren.	☺ 😐 ☹	☺ 😐 ☹
3 im Kopf einfache Divisionen durchführen.	☺ 😐 ☹	☺ 😐 ☹
4 schriftlich durch einstellige Zahlen dividieren.	☺ 😐 ☹	☺ 😐 ☹
5 mit Zehnerzahlen multiplizieren und dividieren.	☺ 😐 ☹	☺ 😐 ☹
6 die Regel „Punkt vor Strich“ beim Rechnen anwenden.	☺ 😐 ☹	☺ 😐 ☹
7 beim Multiplizieren und Dividieren Ergebnisse überschlagen.	☺ 😐 ☹	☺ 😐 ☹
8 Rechenvorteile erkennen und nutzen.	☺ 😐 ☹	☺ 😐 ☹
9 Sachaufgaben und Zahlenrätsel lösen.	☺ 😐 ☹	☺ 😐 ☹

Test zur Überprüfung deiner Selbsteinschätzung

1 Multipliziere im Kopf.

a) 6 · 5 = ______ b) 8 · 7 = ______ c) 7 · 8 = ______

d) 4 · 9 = ______ e) 9 · 9 = ______ f) 11 · 9 = ______

☺ 😐 ☹
Ich übe nochmal:
→ Seite 23 | Aufgaben 1 und 2

2 Berechne schriftlich.

a) 4 5 6 · 7 8 =

b) 6 7 8 · 5 0 3 =

☺ 😐 ☹
Ich übe nochmal:
→ Seite 23 | Aufgaben 3 und 4

3 Dividiere im Kopf.

a) 35 : 5 = ______ b) 42 : 6 = ______ c) 49 : 7 = ______

d) 64 : 8 = ______ e) 36 : 9 = ______ f) 88 : 11 = ______

☺ 😐 ☹
Ich übe nochmal:
→ Seite 25 | Aufgaben 1 und 2

4 Berechne schriftlich.

a) 5 3 6 : 8 =

b) 3 2 6 4 : 1 2 =

☺ 😐 ☹
Ich übe nochmal:
→ Seite 25 | Aufgabe 3

5 Berechne.

a) 123 · 100 = ______   123 · 1000 = ______

b) 4560 : 10 = ______   456 000 : 100 = ______

☺ 😐 ☹

Ich übe nochmal:
→ Seite 23 | Aufgabe 3
→ Seite 25 | Aufgabe 2

6 Berechne. Achte auf die Reihenfolge.

a) 12 : 3 + 4 · 5 = ______   b) 2 + 3 · 4 − 5 = ______

☺ 😐 ☹

Ich übe nochmal:
→ Seite 27 | Aufgaben 1 und 2

7 Hier sind die Aufgaben und die Ergebnisse durcheinander geraten. Suche zu jeder Aufgabe das passende Ergebnis. Male beide Luftballons in der gleichen Farbe aus. Du findest die Lösung durch Überschlagen.

☺ 😐 ☹

Ich übe nochmal:
→ Seite 23 | Aufgabe 2
→ Seite 25 | Aufgabe 1

8 Rechne vorteilhaft.

a) 2 · 17 · 5 = ______   b) 99 · 12 = ______

c) 9 · 12 345 · 0 = ______   d) 12 · 25 · 5 · 4 = ______

☺ 😐 ☹

Ich übe nochmal:
→ Seite 23 | Aufgabe 5
→ Seite 28 | Aufgabe 6

9 a) Marlene braucht für ihr Zimmer Regalbretter. Sie kauft 3 Stück für je 4,00 €, 4 Stück für je 6,00 € und 2 Stück für je 5,00 €. Sie zahlt mit einem 50-€-Schein.

☺ 😐 ☹

Ich übe nochmal:
→ Seite 23 | Aufgabe 7
→ Seite 27 | Aufgabe 8

b) Subtrahiere das Produkt von 5 und 14 von der Differenz aus 100 und 29.

☺ 😐 ☹

Ich übe nochmal:
→ Seite 28 | Aufgabe 8

1 Schreibe das kleine und das große Einmaleins auf ein großes Blatt und lerne sie auswendig.

2 Multipliziere im Kopf.

a) 2 · 8 = ______ b) 2 · 17 = ______ c) 9 · 19 = ______ d) 11 · 19 = ______

4 · 8 = ______ 5 · 17 = ______ 9 · 21 = ______ 11 · 21 = ______

8 · 8 = ______ 7 · 17 = ______ 9 · 29 = ______ 11 · 29 = ______

16 · 8 = ______ 9 · 17 = ______ 9 · 31 = ______ 11 · 31 = ______

3 Achte beim Rechnen auf die Nullen.

a) 70 · 30 = ______ b) 120 · 50 = ______ c) 8000 · 40 = ______

4 Multipliziere schriftlich.

a) 2 3 · 4 5 b) 5 6 7 · 8 9 c) 8 6 4 · 5 0 4

5 a) Berechne: 60 · 12 = ______; 6 · 120 = ______; 120 · 6 = ______; 12 · 60 = ______

Was stellst du fest? ______

b) Berechne. 3 · 4 · 5 = ______ und 5 · 4 · 3 = ______

Was stellst du fest? ______

6 a) Bilde aus den Ziffern 3 und 5 sowie aus 2 und 4 jeweils zwei zweistellige Zahlen.

______

b) Multipliziere die Zahlen und ordne die Produkte aufsteigend nach ihrer Größe.

c) Markiere die Produktwerte, die am nächsten beieinander liegen.

7 Alexander kauft Süßigkeiten ein. Er hat 5,00 € dabei. Er will zwei Schokoriegel und zwei Tafeln Schokolade kaufen. Reicht sein Geld?

Info:

Das „kleine 1 × 1“

·	2	3	4	…	10
1	2	3	4		10
2	4	6	8		20
…	…	…	…	…	…
10	20	30	40	…	100

Das „große 1 × 1“

·	11	12	13	…	20
1	11	12	13		20
2	22	24	26		40
…	…	…	…	…	…
10	110	120	130	…	200

Tipp:
Achte darauf, dass du die Zahlen stellengerecht untereinander schreibst.

1 a) Schreibe als Potenz und berechne den Wert.

$3 \cdot 3 \cdot 3 \cdot 3 \cdot 3 = 3^5$ = ___ 4 · 4 · 4 = ___ = ___

$2 \cdot 2 \cdot 2 \cdot 2 \cdot 2 \cdot 2 =$ ___ = ___ $1 \cdot 1 \cdot 1 \cdot 1 \cdot 1 \cdot 1 \cdot 1 =$ ___ = ___

b) Schreibe als Produkt und berechne.

$3^2 =$ ___; $2^5 =$ ___; $5^3 =$ ___; $6^3 =$ ___

c) Berechne.

Potenz	1^2	2^2	3^2	4^2	5^2	6^2	7^2	8^2	9^2	10^2
Wert										

Potenz	2^5	2^6	2^7	2^8	2^9	2^{10}
Wert						

Potenz	3^1	3^2	3^3	3^4	3^5	3^6
Wert						

2 a) Berechne die Potenz.

$10^2 =$ ___ $10^3 =$ ___ $10^4 =$ ___ $10^5 =$ ___

b) Schreibe als Zehnerpotenz.

1000 = ___; 100 000 = ___; 1 Million = ___; 10 Milliarden = ___

c) Schreibe als Zehnerpotenz und benenne die Zahl.

$10 \cdot 10 \cdot 10 =$ ___ = ___

$10 \cdot 10 \cdot 10 \cdot 10 \cdot 10 =$ ___ = ___

3 a) Bilde aus jeweils zwei der Ziffern 2, 3 und 4 Potenzen.

2^3 ___ ___ ___ ___ ___

b) Ordne sie nach der Größe. ___ ___ ___ ___ ___ ___

4 a) Berechne den Wert einer Potenz mit der Basis 3 und dem Exponenten 4.
Tausche Basis und Exponent und vergleiche die beiden Potenzwerte.

___

b) Gibt es Potenzen, bei denen sich der Wert nicht ändert, wenn man Basis und Exponent vertauscht? ___

5 Vergleiche. Setze in das Kästchen <, > oder = ein.

a) 5^2 ☐ 2^5 b) 1^8 ☐ 1^{11} c) 8^2 ☐ 4^3 d) 3^3 ☐ 2^3 e) 3^5 ☐ 4^2 f) 2^{10} ☐ 10^3

6 a) Berechne.

$2 + 2 + 2 =$ ___; $2 \cdot 2 \cdot 2 =$ ___; $22^2 =$ ___

b) Ordne die Zahlen nach der Größe. ___ < ___ < ___

7 Der Wert der Potenzen ist immer 256. Finde die richtige Hochzahl.

$2^{☐} = 256$; $4^{☐} = 256$; $16^{☐} = 256$; $256^{☐} = 256$

Info:

Hochzahl

$2^3 = 2 \cdot 2 \cdot 2 = 8$

Wert der Potenz

Grundzahl

Info:
Die Grundzahl wird auch als Basis, die Hochzahl als Exponent bezeichnet.

Info:
Potenzen mit der Hochzahl 2 heißen **Quadratzahlen**.
Potenzen mit der Hochzahl 3 heißen **Kubikzahlen**.

Info:
Potenzen werden nach ihrer Basis benannt.
Potenzen mit der Basis 10 heißen **Zehnerpotenzen**.

1 Dividiere im Kopf.

a) 64 : 8 = ______ 63 : 7 = ______ 81 : 9 = ______
b) 80 : 4 = ______ 75 : 5 = ______ 66 : 6 = ______
c) 60 : 3 = ______ 60 : 4 = ______ 60 : 5 = ______
d) 60 : 12 = ______ 60 : 15 = ______ 60 : 20 = ______
e) 330 : 11 = ______ 6500 : 13 = ______ 9000 : 15 = ______
f) 1000 : 100 = ______ 1500 : 30 = ______ 4800 : 1200 = ______

Tipp:
Durch Null darfst du nicht dividieren.

2 Berechne.

a)

	: 2	: 5	: 10
1000			
500			
100			
50			

b)

	: 10	: 100	: 1000
80 000			
500 000			
1 200 000			
999 000			

Tipp:
Achte beim Rechnen auf die Nullen.

3 Dividiere schriftlich.

a) 8 6 8 : 7 =

b) 1 6 1 4 : 6 =

c) 2 8 8 4 : 1 4 =

d) 6 3 1 8 9 : 2 1 =

Tipp:
Zerlege die Zahl, die geteilt werden soll, ziffernweise.

4 Bei diesen Aufgaben erhältst du einen Rest. Berechne im Kopf.

a) 72 : 7 = ______ R ____ b) 304 : 15 = ______ R ____
c) 8005 : 2 = ______ R ____ d) 10 000 : 3 = ______ R ____

5 a) Dividiere.

938 : 4 = ______ 939 : 4 = ______ 940 : 4 = ______
941 : 4 = ______ 942 : 4 = ______ 943 : 4 = ______

b) Welche Zahlen erhältst du als Rest? ______

c) Teile andere Zahlen durch 4. Welche Zahlen erhältst du als Rest? ______

d) Welche Zahlen erhältst du als Rest, wenn du durch 6 dividierst? ______

6 a) Durch welche Zahl musst du 75 dividieren, um 15 zu erhalten? Erkläre deine Lösung.

b) Mit welcher Zahl musst du 14 multiplizieren, um 154 zu erhalten? Erkläre.

7 a) Bilde aus den Ziffern 6, 4 und 2 sowie 1, 2 und 3 zwei dreistellige Zahlen. Dividiere die größere Zahl durch die kleinere. Welchen Rest erhältst du?

b) Bilde die Zahlen so, dass du ohne Rest dividieren kannst.

8 Welche Ziffern gehören in die Lücken? Ergänze.

a)
```
  1 3 3 2 0 : 2 4 = □ 5 □
- □ 2 □
    □ 3 2
  - □ □ □
      □ □ 0
    - □ □ □
          0
```

b)
```
  2 □ 3 □ : 1 8 = 1 □ 1
- □ □
    7 3
  - □ □
      1 □
    - □ □
        0
```

c)
```
  5 □ 3 □ 0 : 1 5 = □ 6 2 □
- 4 5
    9 □
  - 9 0
      3 0
    - □ □
      □ □
```

d)
```
  □ 5 □ 4 : 1 2 = □ 4 □
- 6 0
    □ 0
  - □ □
      2 □
    - □ □
        □
```

9 Acht Freunde bilden eine Lottospielgemeinschaft. Sie haben 31956 € gewonnen. Welchen Betrag erhält jeder?
Mache zuerst eine Überschlagsrechnung und berechne dann den genauen Betrag.

10 Für die Tombola beim Schulfest sollen 200 Pralinen in Schachteln verpackt werden.

a) Wie viele Schachteln erhält man, wenn 10 Pralinen in einer Schachtel sind?

b) Warum ist es nicht so geschickt, 7 Pralinen in eine Schachtel zu packen?

c) Wie viele Pralinen bleiben bei 9, 19 oder 99 Stück in einer Schachtel übrig?

1 Berechne.

a) $10 + 3 \cdot 5 =$ ______ = ___ b) $17 - 2 \cdot 4 =$ ______ = ___

c) $10 - 25 : 5 =$ ______ = ___ d) $3 \cdot 4 + 5 \cdot 6 =$ ______ = ___

2 Berechne.

a) $5 \cdot 12 + 35 : 7 =$ ______ = ___ b) $120 : 2 - 14 \cdot 3 =$ ______ = ___

c) $55 + 55 : 11 + 11 =$ ______ = ___ d) $17 - 4 \cdot 3 + 13 =$ ______ = ___

e) Welche Regel hast du angewendet? ______

3 Füge die Zahlen 2, 4, 6 und 8 so in die Kästchen ein, dass das Ergebnis möglichst

a) klein wird. b) groß wird. c) nahe bei 48 liegt.

☐ · ☐ + ☐ · ☐ = ☐ · ☐ + ☐ · ☐ = ☐ · ☐ + ☐ · ☐ =

4 Berechne und vergleiche. Achte auf die Klammern.

a) $2 + 3 \cdot 4 =$ ______ b) $5 \cdot 6 + 5 \cdot 7 =$ ______ c) $6 \cdot 5 - 5 \cdot 3 =$ ______

$(2 + 3) \cdot 4 =$ ______ $5 \cdot (6 + 7) =$ ______ $6 \cdot (5 - 5) \cdot 3 =$ ______

d) Die Ergebnisse sind verschieden, wenn die Klammer die Regel

______ außer Kraft setzt.

5 Berechne.

a) $25 : (11 - 6) =$ ______ = ___ b) $(5 + 4) \cdot (3 - 2) =$ ______ = ___

c) $7 \cdot (6 + 5) - 4 \cdot (3 + 2) =$ ______ = ______ = ___

6 Berechne. Erkläre dein Vorgehen.

$(22 - 2 \cdot 6) : (3 + 6 : 3)$

Als erstes rechne ich Punkt vor Strich in der Klammer.

= ______

= ______ = ___

7 Manchmal fehlen Klammern. Setze sie.

a) $12 + 18 \cdot 10 = 300$ b) $10 \cdot 12 + 80 = 200$ c) $35 - 15 : 5 = 4$

8 Herr und Frau Schön besuchen mit ihren drei Kindern und der 70-jährigen Oma einen Freizeitpark. Frau Schön zahlt für alle den Eintritt mit einem 50-Euro-Schein. Berechne, wie viel Geld sie zurück bekommt.

Eintrittspreise
Erwachsene 9,00 €
Kinder und Senioren (älter als 65 Jahre) zahlen die Hälfte.

Freizeitpark

Info:
Im Straßenverkehr musst du bestimmte Regeln beachten:
– Polizist

– Ampel

– Vorfahrtsschild

– rechts vor links

Info:
Klammern müssen immer zuerst gerechnet werden. Erst dann kommt „Punkt vor Strich“.

1 Klammere aus und berechne.

a) $3 \cdot 75 + 3 \cdot 125 =$ ________ = ____ b) $28 \cdot 16 + 72 \cdot 16 =$ ________ = ____

c) $65 \cdot 119 - 65 \cdot 109 =$ ________ = ____ d) $9 \cdot 1571 - 566 \cdot 9 =$ ________ = ____

2 Du kannst auch bei mehrgliedrigen Summen und Differenzen ausklammern.

a) $35 \cdot 17 + 14 \cdot 17 - 48 \cdot 17$

= ____________ = ____

b) $101 \cdot 12 - 48 \cdot 12 - 12 \cdot 51$

= ____________ = ____

c) $19 \cdot 21 + 19 \cdot 53 + 19 \cdot 26$

= ____________ = ____

d) $97 \cdot 34 - 47 \cdot 34 - 49 \cdot 34$

= ____________ = ____

3 Berechne durch Ausmultiplizieren.

a) $7 \cdot (40 + 5) =$ ________ = ____ b) $9 \cdot (50 - 4) =$ ________ = ____

c) $24 \cdot (20 + 3) =$ ________ = ____ d) $13 \cdot (100 - 5) =$ ________ = ____

4 Durch Zerlegen kann man eine Aufgabe manchmal vereinfachen.

Beispiel: $9 \cdot 87 = 9 \cdot (80 + 7) = 9 \cdot 80 + 9 \cdot 7 = 630 + 63 = 693$

a) $8 \cdot 76 =$ ________
= ________
= ____ = ____

b) $7 \cdot 65 =$ ________
= ________
= ____ = ____

c) $6 \cdot 309 =$ ________
= ________
= ____ = ____

5 Berechne vorteilhaft durch Ausklammern oder Ausmultiplizieren.

a) $15 \cdot (30 + 3)$
= ____________
= ____________ = ____

b) $16 \cdot (100 - 3)$
= ____________
= ____________ = ____

c) $17 \cdot 34 + 17 \cdot 66$
= ____________
= ____________ = ____

d) $23 \cdot 54 - 23 \cdot 28 - 23 \cdot 26$
= ____________
= ____________ = ____

6 Überlege, bevor du anfängst, wie du einfacher rechnen kannst.

a) $13 \cdot 17 \cdot 0 =$ ________ b) $27 \cdot 4 \cdot 5 =$ ________

c) $99 \cdot 9 - 9 \cdot 99 =$ ________ d) $(190 - 38) : 19 =$ ________

7 Wer hat einen Fehler gemacht?

Sarah
$13 \cdot (7 + 24) = 13 \cdot 31$
$= 13 \cdot (30 + 1)$
$= 390 + 13 = 403$

Roman
$13 \cdot (7 + 24) = 13 \cdot 7 + 24$
$= 91 + 24 = 115$

8 Stelle zuerst einen Rechenausdruck auf und berechne dann seinen Wert.

a) Multipliziere die Summe von 5 und 8 mit der Differenz von 8 und 5.

____

b) Bilde den Quotienten aus der Summe und der Differenz von 12 und 8.

____

Info:
Wenn der gleiche Faktor in allen Summanden vorkommt, kannst du ihn **ausklammern**.

Beispiel:
$\mathbf{4} \cdot 27 + \mathbf{4} \cdot 23$
$= \mathbf{4} \cdot (27 + 23)$
$= \mathbf{4} \cdot 50$
$= 200$

Info:
Multipliziert man eine Summe (in einer Klammer) mit einer Zahl, so muss jeder Summand mit der Zahl multipliziert werden. Das nennt man **ausmultiplizieren**.

Beispiel:
$\mathbf{4} \cdot (3 + 50)$
$= \mathbf{4} \cdot 3 + \mathbf{4} \cdot 50$
$= 12 + 200$
$= 212$

3 Multiplizieren und Dividieren | Lernrückblick

Das habe ich gelernt.

1 Anne hat beim Kopfrechnen einige Ergebnisse verwechselt. Finde das Lösungswort.

Aufgabe	6 · 16 =	5 · 17 =	15 · 9 =	7 · 14 =	8 · 18 =	19 · 6 =
Lösungs-buchstabe						

98 | E — 85 | U — 135 | P — 144 | R — 114 | ! — 96 | S

2 Finde die Fehler und verbessere sie.

a)

3	4	5	·	1	2	3
		3	4	5		
				6	9	0
			1	0	3	5
		3	6	2	2	5

3 4 5 · 1 2 3

b)

2	6	8	·	3	0	2
				5	3	6
				0	0	0
				8	0	4
			1	3	4	0

2 6 8 · 3 0 2

3 Stimmen die Behauptungen? Kreuze an.

	richtig	falsch
a) Die Potenz aus zwei Zahlen ist immer größer als deren Produkt.	☐	☐
b) Der Exponent gibt an, wie oft die Basis mit sich selbst multipliziert werden muss.	☐	☐
c) Potenzen mit der Basis 1 haben immer den Wert 1.	☐	☐
d) Quadratzahlen haben die Basis 2.	☐	☐
e) Zehnerpotenzen haben immer den Exponent 10.	☐	☐

4 Kreuze die Zahlen an, die als Potenzen von 3 geschrieben werden können.

3 ☐ 12 ☐ 27 ☐ 33 ☐ 64 ☐ 81 ☐

5 Kreuze an, bei welchen Aufgaben man einen Rest erhält.

135 : 15 ☐ 136 : 16 ☐ 350 : 7 ☐ 350 : 9 ☐ 350 : 10 ☐

6 Dividiere die Zahl 4445 zuerst durch 5 und das Ergebnis dann durch 7.

Vergleiche mit dem Ergebnis, das du erhältst, wenn du 4445 durch 35 dividierst.
Was stellst du fest?

7 Von den fünf Behauptungen sind zwei falsch.
Kreuze die zwei falschen Aussagen an und verbessere sie.

	falsch
a) „Punkt vor Strich" heißt zuerst addieren und dann multiplizieren.	☐
b) Multiplizieren und Dividieren sind „Punktrechenarten".	☐
c) Eine Klammer muss stets zuerst gerechnet werden.	☐
d) Eine Klammer kann man auch weglassen, am Ergebnis ändert sich nichts.	☐
e) Potenzieren kommt vor Addieren und Subtrahieren.	☐

____

____

8 Jeweils drei Kärtchen gehören zusammen.

$3 \cdot 10 - 3 \cdot 5$ | $12 : 4 + 16 : 4$ | 15 | $10 \cdot 6$ | 60 | $3 \cdot (10 - 5)$ | $(12 + 16) : 4$ | $(8 + 2)(8 - 2)$ | 7

_____ = _____ = _____

_____ = _____ = _____

_____ = _____ = _____

9 Überschlage die Aufgaben und ordne sie nach der Größe. Beginne mit dem kleinsten Ergebnis.

	A	B	C	D	E
Aufgabe	$105 \cdot 48$	$1008 : 199$	$19 \cdot 51$	$9999 : 989$	$402 : 39 + 29$
Überschlag					

_____ < _____ < _____ < _____ < _____

10 Finde die Fehler und verbessere sie.

a) $4 \cdot (5 + 6)$
$= 4 \cdot 5 + 6$ _____
$= 20 + 6$ _____
$= 26$ _____

b) $6 \cdot 5 - 5 \cdot 4$
$= 6 \cdot (5 - 4)$ _____
$= 6 \cdot 1$ _____
$= 6$ _____

11 Marlene rechnet immer am schnellsten. Sie nutzt Rechenvorteile statt immer von links nach rechts zu rechnen.

a) $29 \cdot 15 =$ _____

b) $17 \cdot 4 \cdot 2 \cdot 25 \cdot 5 =$ _____

c) $41 \cdot 23 =$ _____

d) $7 \cdot 136 + 3 \cdot 136 =$ _____

12 In einem Plan für das Rechnen bei einer Sachaufgabe sind die Sätze durcheinander geraten.
Bringe sie wieder in die richtige Reihenfolge.

____ | Schätze das Ergebnis durch einen Überschlag.

____ | Mache einen Plan für die Rechenschritte.

____ | Lies die ganze Textaufgabe sorgfältig durch.

____ | Schreibe einen Ergebnissatz.

____ | Schreibe die gegebenen und gesuchten Größen auf.

____ | Führe die Rechnung durch.

Wo stehe ich?

Ich kann …	So schätze ich mich selbst ein:	Meine Testergebnisse:
1 ein Blatt Papier gerade falten und die Anzahl der Felder bestimmen.	☺ 😐 ☹	☺ 😐 ☹
2 mit dem Lineal und dem Geodreieck Längen genau messen.	☺ 😐 ☹	☺ 😐 ☹
3 eine Gerade und eine Strecke voneinander unterscheiden.	☺ 😐 ☹	☺ 😐 ☹
4 mit dem Lineal und dem Geodreieck Strecken genau zeichnen.	☺ 😐 ☹	☺ 😐 ☹
5 zueinander senkrechte oder zueinander parallele Geraden erkennen.	☺ 😐 ☹	☺ 😐 ☹
6 Schnittpunkte von Geraden erkennen.	☺ 😐 ☹	☺ 😐 ☹
7 in achsensymmetrischen Figuren Symmetrieachsen einzeichnen.	☺ 😐 ☹	☺ 😐 ☹

Test zur Überprüfung deiner Selbsteinschätzung

1 Falte ein Blatt Papier so, dass diese Faltlinien entstehen.
In wie viele Felder wird das Papier jeweils eingeteilt?

A

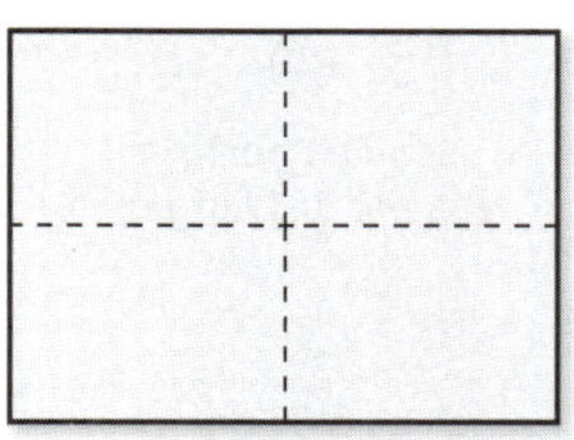

B

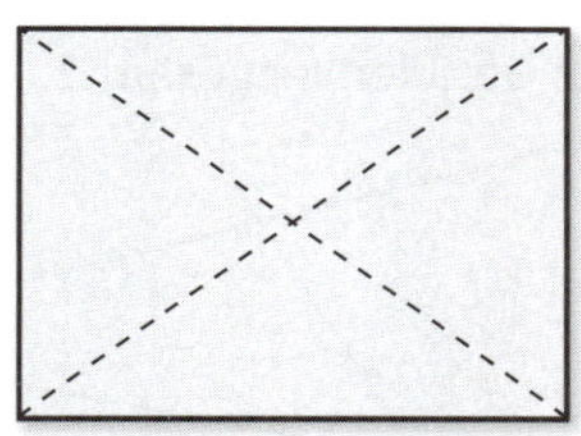

Das Blatt ist in ______ Felder geteilt.   Das Blatt ist in ______ Felder geteilt.

☺ 😐 ☹

Ich übe nochmal:
→ Seite 33 | Aufgabe 5

2 a) Miss die Länge der Stecknadel.

Die Stecknadel hat eine Länge von

______ cm.

b) Miss die kurze Seite dieses Arbeitsheftes. Die Seite dieses Arbeitsheftes

ist ______ cm lang.

☺ 😐 ☹

Ich übe nochmal:
→ Seite 33 | Aufgabe 4
→ Seite 39 | Aufgabe 1

3 Wobei handelt es sich um eine Gerade, wo um eine Strecke?

Gerade: ______________

Strecke: ______________

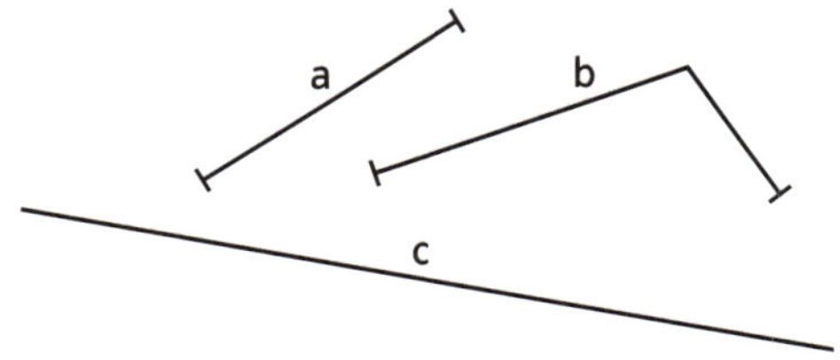

Ich übe nochmal:
→ Seite 33 | Aufgaben 1 und 2

4 Zeichne eine Strecke mit der Länge von

a) 3 cm.

b) 6,5 cm.

c) 45 mm.

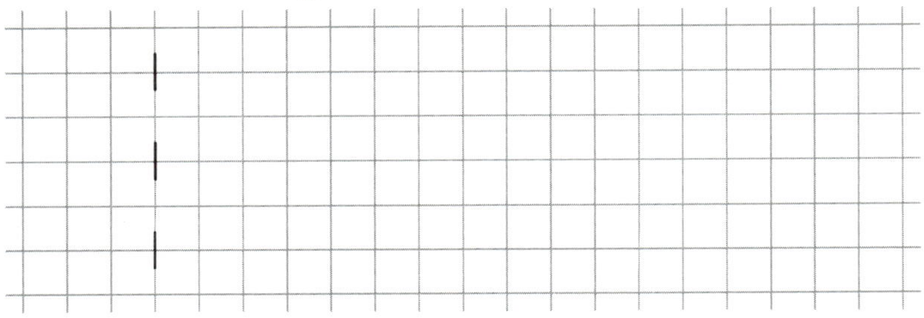

Ich übe nochmal:
→ Seite 39 | Aufgabe 3

5 Welche Geraden sind senkrecht, welche sind parallel zueinander?

Senkrecht zueinander sind

______ und ______ .

Parallel zueinander sind

______ und ______ .

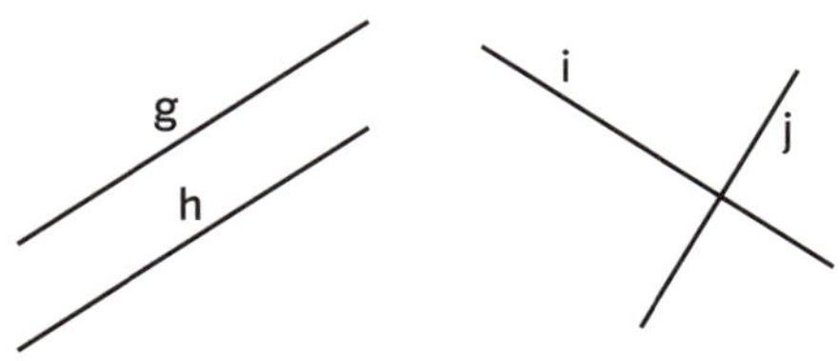

Ich übe nochmal:
→ Seite 35 | Aufgabe 3
→ Seite 36 | Aufgabe 1

6 Wie viele Schnittpunkte haben die drei Geraden insgesamt?

Die Geraden haben insgesamt

______ Schnittpunkte.

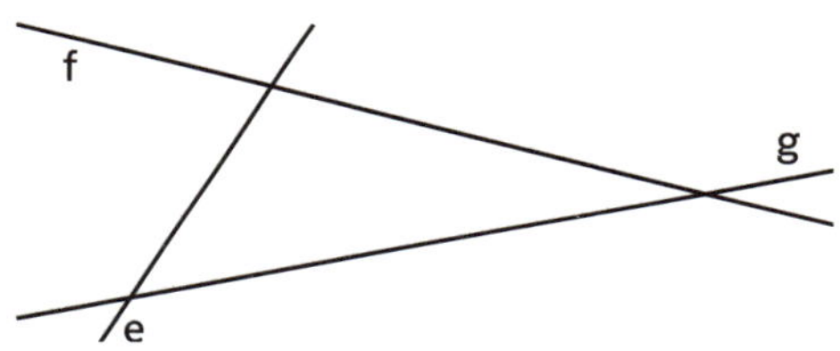

Ich übe nochmal:
→ Seite 34 | Aufgabe 6

7 Welche Figur ist achsensymmetrisch?
Zeichne die Symmetrieachse ein.

Figur ______ ist achsensymmetrisch.

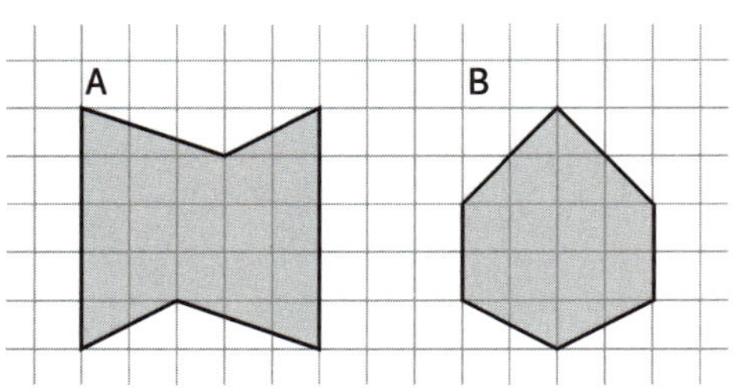

Ich übe nochmal:
→ Seite 40 | Aufgaben 2 und 3

1 Färbe alle Strecken rot und alle Geraden blau.

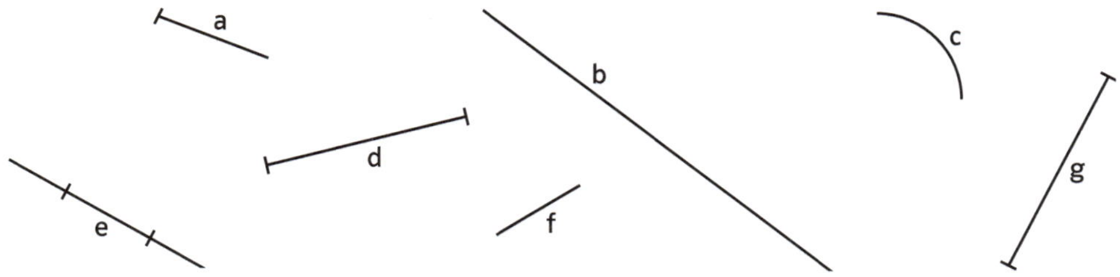

Tipp:
Um die Aufgaben auf dieser Seite gut lösen zu können, brauchst du ein Geodreieck und einen Bleistift.

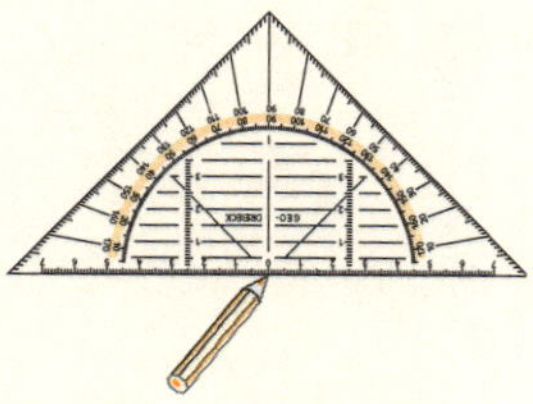

2 Auf der Geraden g liegen die Punkte C, D, E und F.
Julia erkennt sechs Strecken.
Wie heißen sie?
Die Strecken heißen:

$\overline{CD}$; ____ ; ____ ; ____ ; ____ ; ____

3 Zeichne

a) die Strecke $\overline{PQ}$.

b) eine Gerade durch den Punkt C.

c) eine Linie von G nach H, die keine Strecke und keine Gerade ist.

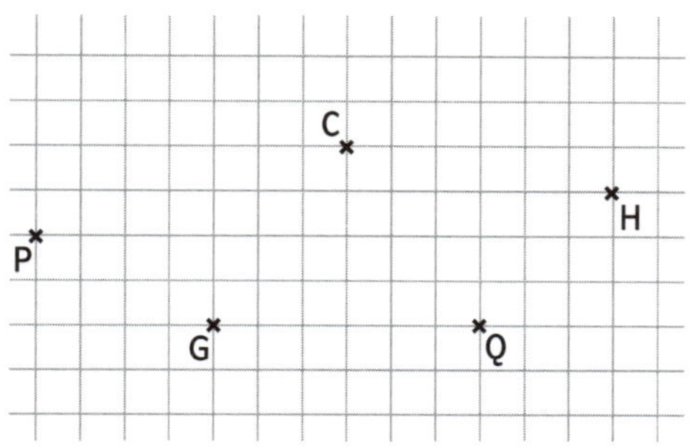

4 Verbinde alle Punkte und bezeichne die Strecken.
Miss und notiere die Länge aller Teilstrecken.

$\overline{AB}$ = 3,5 cm; $\overline{AC}$ = ____ cm;

______

______

______

______

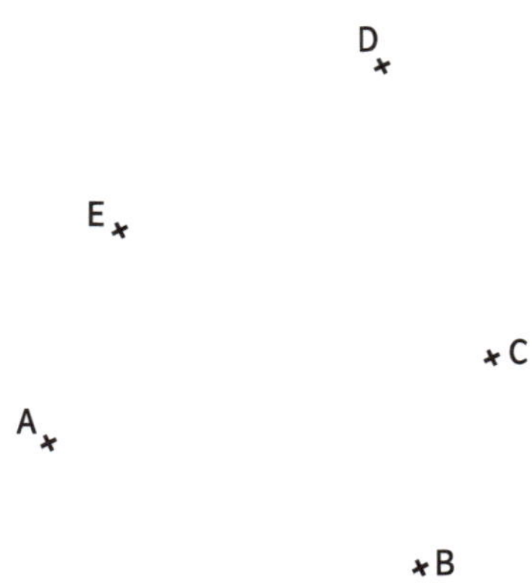

5 Zeichne vier weitere Geraden durch den Punkt S.
Wie viele Felder entstehen?

Es entstehen insgesamt ____ Felder.

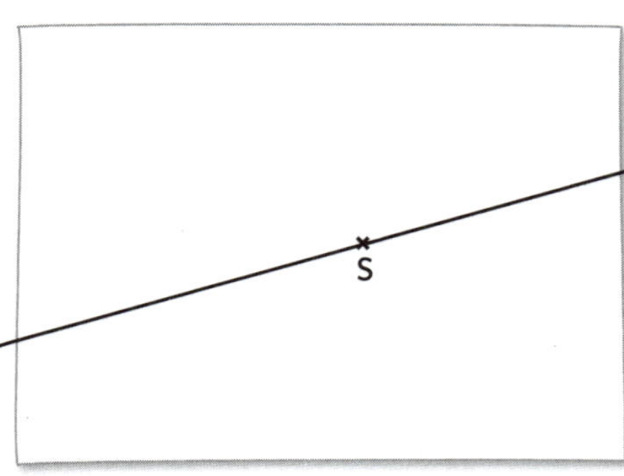

Info:
Eine Gerade hat keinen Anfangspunkt und keinen Endpunkt.

6 Sophie und Max sollen auf einem Blatt drei Geraden einzeichnen. Hilf ihnen beim Einzeichnen.

a) Eine Gerade ist schon eingezeichnet. Sophie soll noch zwei weitere Geraden so einzeichnen, dass sieben Felder entstehen.

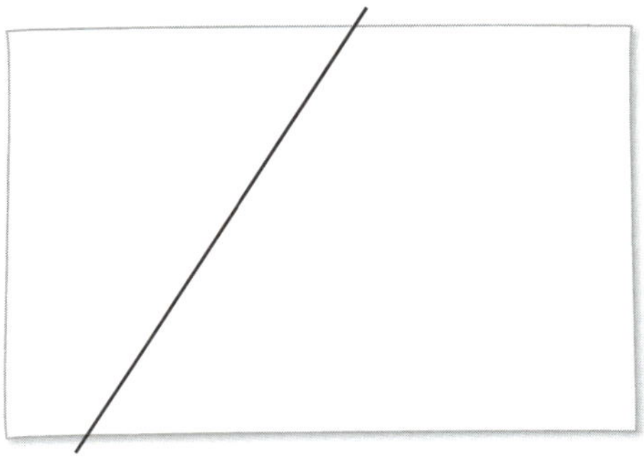

b) Eine Gerade ist schon eingezeichnet. Max soll noch zwei weitere Geraden so einzeichnen, dass nur vier Felder entstehen.

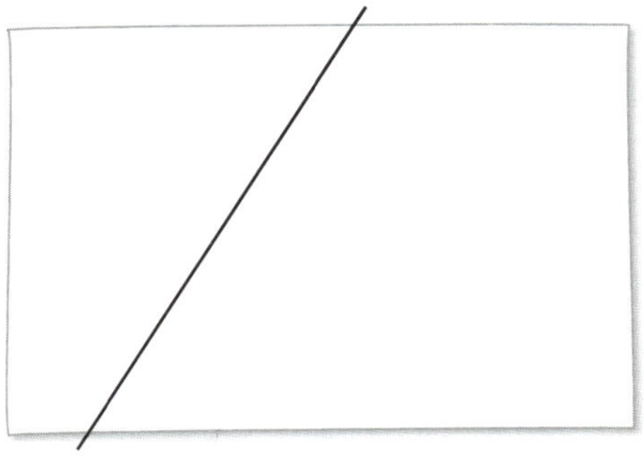

Tipp:
Probiere vor dem Einzeichnen zuerst auf einem leeren Blatt.

Wie viele Schnittpunkte entstehen jeweils?

Bei Sophie entstehen ____ Schnittpunkte.

Bei Max entstehen ____ Schnittpunkte.

7 Wie viele Geraden benötigt man, damit genau zwei Schnittpunkte entstehen?
Zeichne die Geraden ein und kennzeichne die Schnittpunkte.

Man braucht ____ Geraden.

Dabei müssen zwei Geraden

____________________ verlaufen.

8 a) Zeichne drei Geraden so ein, dass möglichst viele Schnittpunkte entstehen.

Bei drei Geraden gibt es höchstens

____ Schnittpunkte.

b) Wie viele Schnittpunkte gibt es bei vier Geraden höchstens? Zeichne.

Bei vier Geraden gibt es höchstens

____ Schnittpunkte.

1 So kannst du rechte Winkel falten.

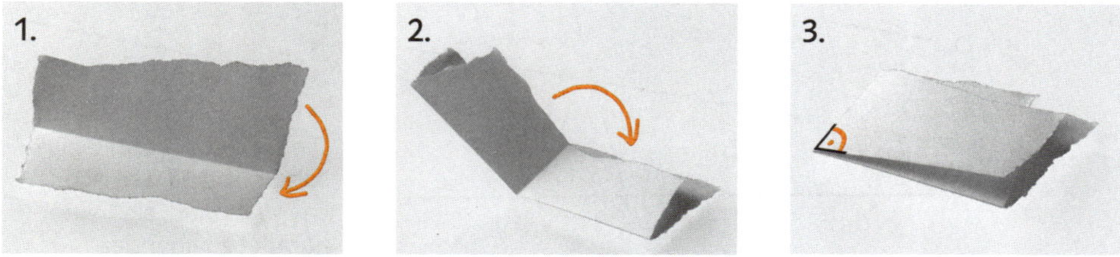

Stelle selbst so einen „rechten Winkel" her.

2 Falte leere DIN-A4-Blätter so, dass folgende Muster entstehen.
Suche und kennzeichne rechte Winkel (⊾) und überprüfe mit deinem „rechten Winkel".

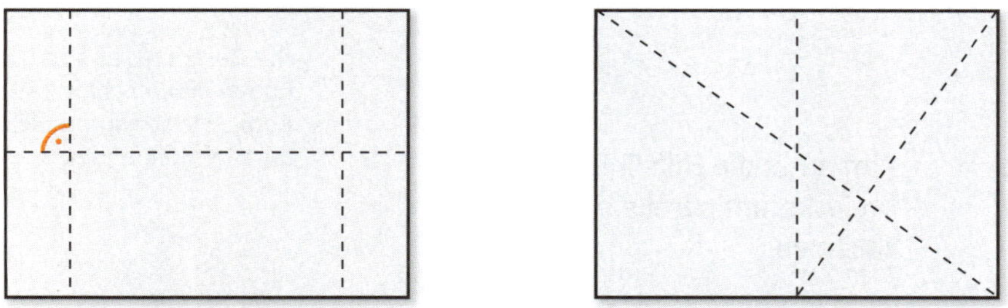

3 In der Zeichnung steht die Gerade e senkrecht auf h. Prüfe nach. Schreibe auf, welche Geraden senkrecht zueinander sind.

Senkrecht zueinander sind:

e ⊥ h; ___ ⊥ ___;

___ ⊥ ___; ___ ⊥ ___

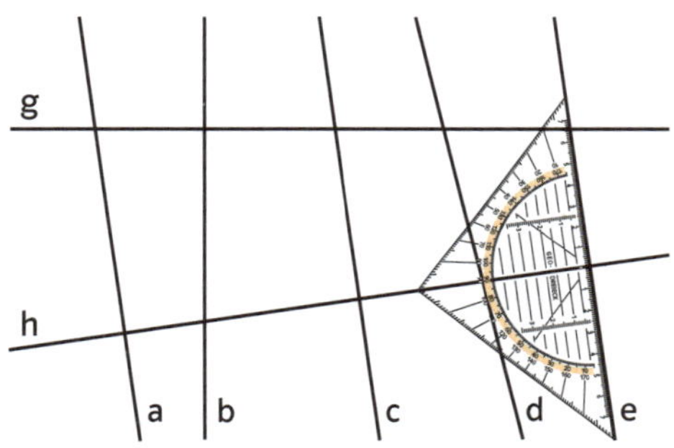

4 Zeichne mit einem Lineal nach Augenmaß zwei Geraden, die

a) nicht zueinander senkrecht stehen.

b) zueinander senkrecht stehen.

Überprüfe mit deinem „rechten Winkel" oder dem Geodreieck.

5 Zeichne mit dem Geodreieck Geraden, die senkrecht zur Geraden g verlaufen.

a) Gerade h verläuft durch den Punkt A.

b) Gerade i verläuft durch den Punkt B.

c) Gerade j verläuft weder durch Punkt A noch durch Punkt B.

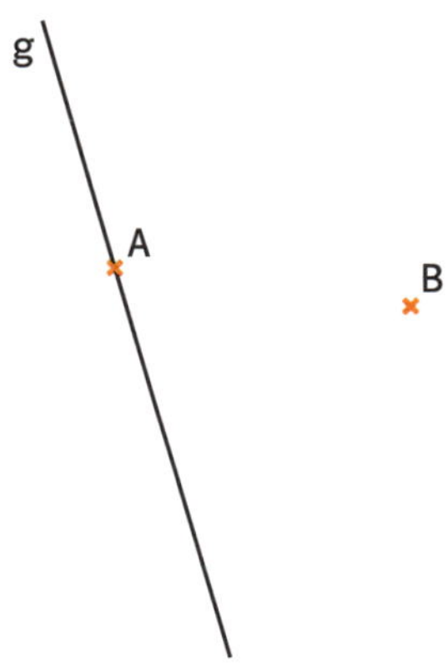

Info:
Die Geraden g und h liegen **zueinander senkrecht** bzw. **stehen im rechten Winkel zueinander**.

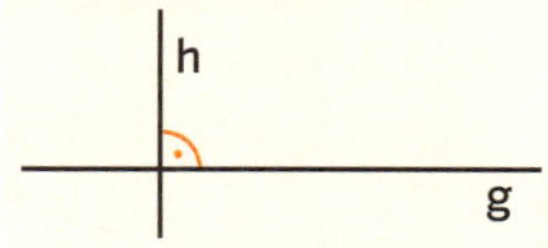

Info:
In der Zeichnung markiert man zueinander senkrechte Geraden mit dem Zeichen ⊾.

Info:
In einem Text kürzt man zueinander senkrecht mit dem Zeichen ⊥ ab.

Tipp:

z
u
e
i
senkrecht
a
n
d
e
r

1 Welche Geraden sind parallel zueinander?
Prüfe mit dem Geodreieck.

____ || ____ ; ____ || ____ ; ____ || ____

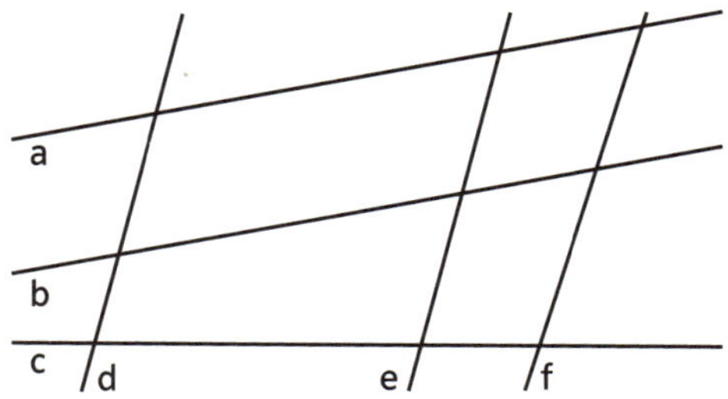

2 Zeichne mit dem Geodreieck drei Geraden, die senkrecht auf der Geraden g stehen.
Was kannst du über die Lage der drei Geraden aussagen?
Die drei Geraden sind

______________________________ .

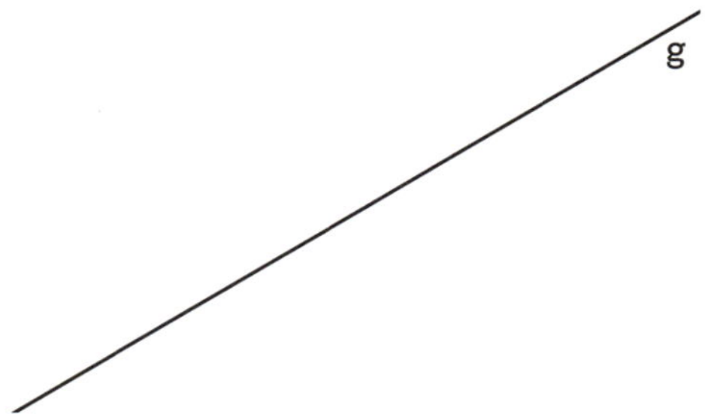

3 Tim zeichnet mithilfe eines Geodreiecks und eines Lineals parallele Geraden. Die Bilder zeigen, wie er vorgeht.

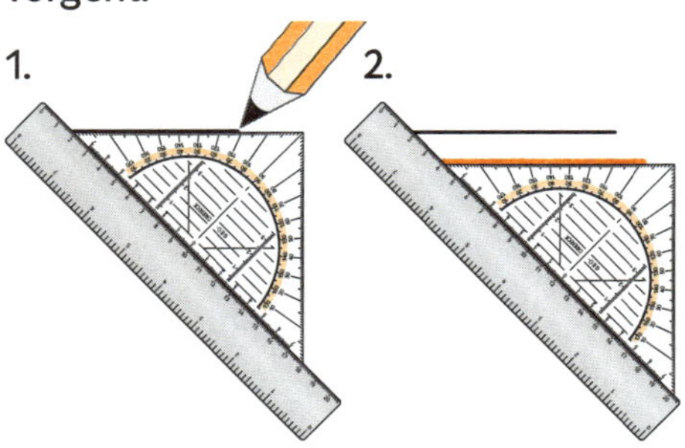

Kim nutzt die Hilfslinien ihres Geodreiecks, um parallele Geraden zu zeichnen.

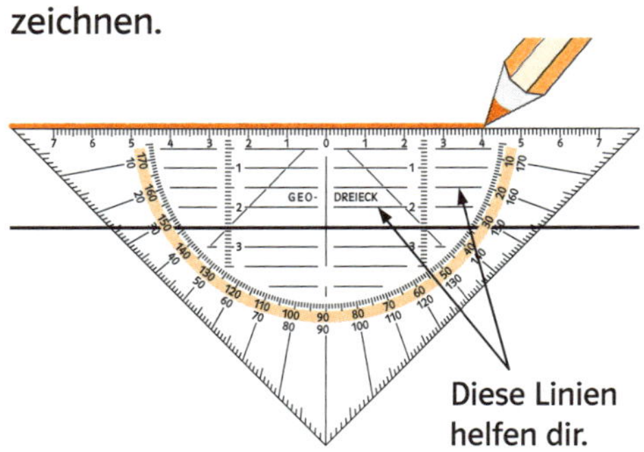

Zeichne auf einem leeren Blatt parallele Geraden so wie Tim.
Überprüfe nach der Methode von Kim, ob sie parallel sind.

4 a) Zeichne mithilfe deines Geodreiecks zwei Parallelen zur Geraden h, die durch die Punkte Q und S verlaufen.

b) Die Gerade g verläuft durch die Punkte Q und S.
Zeichne zwei Parallelen zu g.

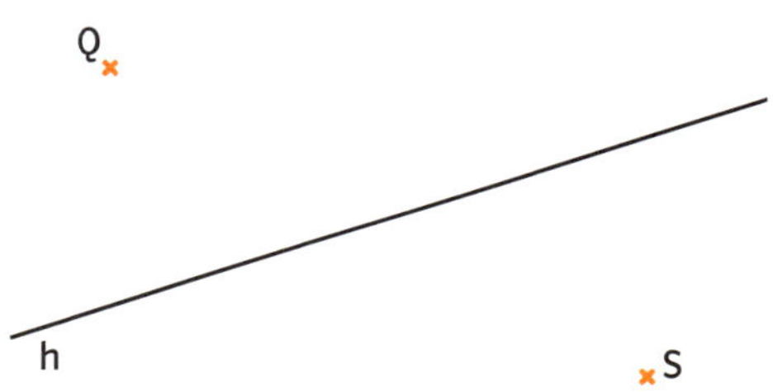

5 Leon behauptet: „Die Geraden a und b und die Geraden c und d verlaufen jeweils parallel zueinander, weil sie sich nicht schneiden."
Marie widerspricht: „Die Geraden a und b und die Geraden c und d haben jeweils einen Schnittpunkt.
Deshalb verlaufen sie nicht zueinander parallel!"
Wer von den beiden hat recht?

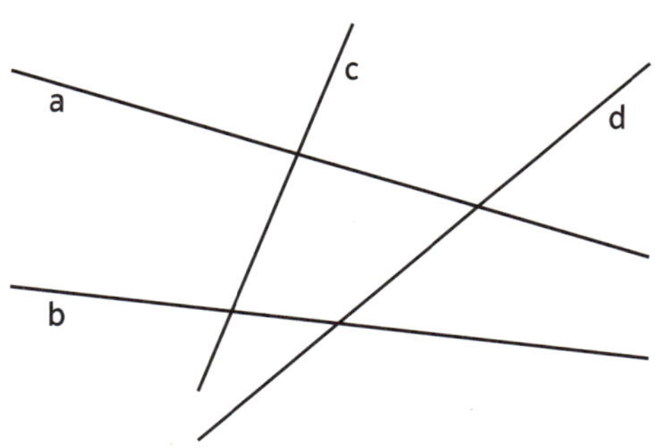

____

Findest du die Schnittpunkte der beiden Geradenpaare? ______________

Info:

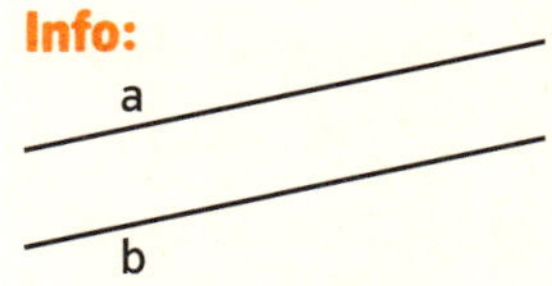

Die Geraden a und b haben überall den gleichen Abstand, sie liegen **parallel** zueinander.

Man schreibt kurz a || b.

Tipp:

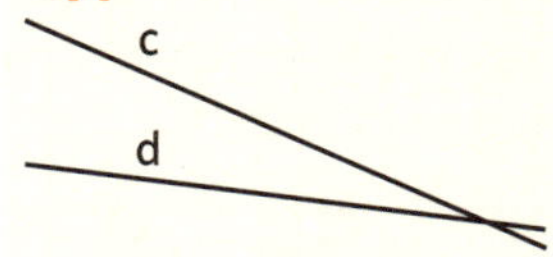

Die Geraden c und d haben einen Schnittpunkt, sie verlaufen nicht parallel zueinander.

1 Der Punkt A hat den **Rechtswert 4** und den Hochwert 6. Man schreibt A(4|6).

Ergänze die fehlenden Werte für die Punkte B, C und D.

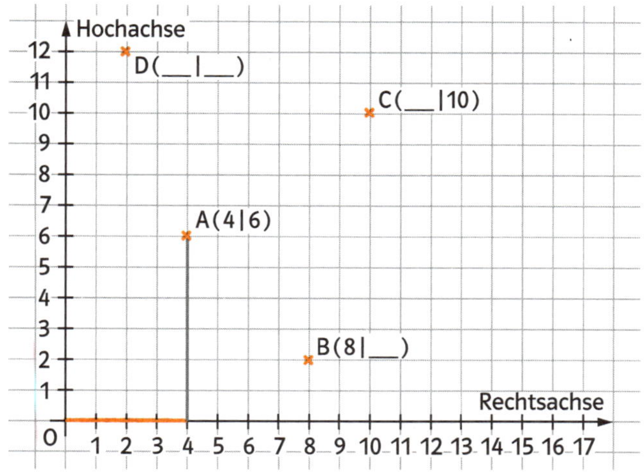

2 Zeichne eine Rechtsachse und eine Hochachse ein und beschrifte sie. Markiere anschließend die Punkte E(2|4); F(10|12) und G(0|10).

Eine  erreicht den Punkt H, indem sie von E aus zehn Kästchen nach rechts und vier Kästchen nach oben geht. Markiere den Punkt H und beschrifte ihn.

Beschreibe den Weg, den die  gehen muss, um vom Punkt H zum Punkt (0|0) zu kommen.

____

____

____

3 Im Quadratgitter liegen die Punkte G(1|0) und H(11|6).

Markiere die Punkte und verbinde sie.

Kennzeichne den Mittelpunkt der Strecke $\overline{GH}$ mit M und beschrifte ihn.

Der Mittelpunkt ist M(_____|_____).

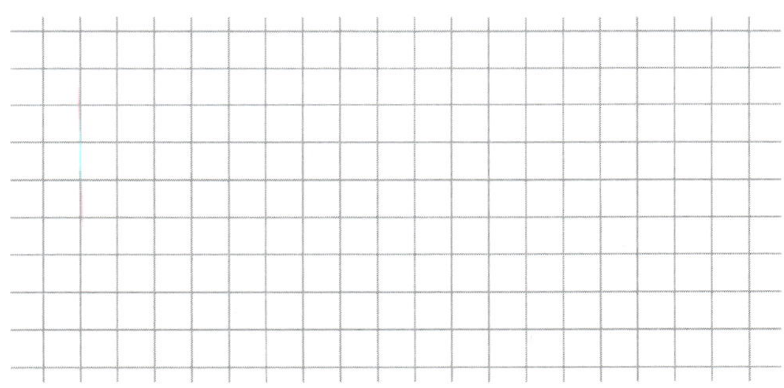

4 Die Punkte A(2|2), B(12|6) und C(6|12) sind die Eckpunkte eines Dreiecks.

a) Trage die Punkte in das Quadratgitter ein und verbinde sie.

b) Nenne je zwei Gitterpunkte, die

innerhalb des Dreiecks liegen: ______________________

auf einer Dreiecksseite liegen: ______________________

außerhalb des Dreiecks liegen: ______________________

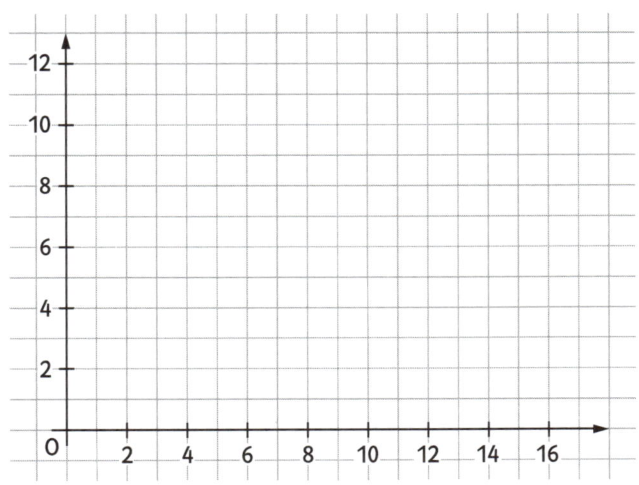

5 Suche die folgenden Punkte im Quadratgitter und trage die Anfangsbuchstaben der abgebildeten Tiere in die Tabelle ein.

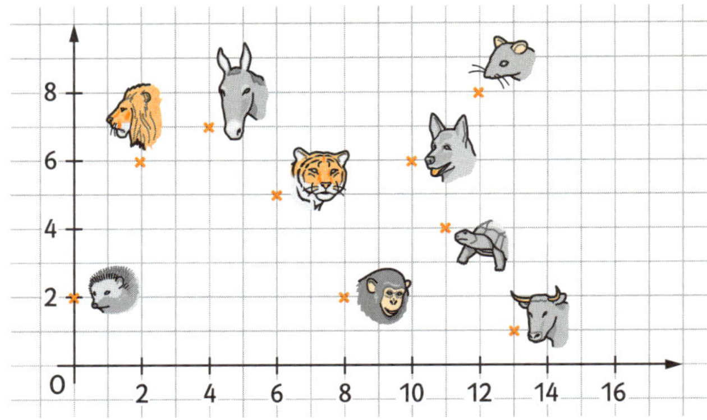

Werte	(12 I 8)	(8 I 2)	(6 I 5)	(10 I 6)	(4 I 7)	(0 I 2)	(11 I 4)	(6 I 5)	(6 I 5)	(13 I 1)	(2 I 6)	(2 I 6)
Anfangsbuchstaben												

Lösungswort: ____________ ________ __________ .

6 An unserem Sternenhimmel finden wir Sternbilder wie zum Beispiel das Sternbild des Großen Wagens. Die sieben Sterne des Großen Wagens gehören zu den hellsten Sternen des Sternbildes Großer Bär.

Markiere in dem Gitternetz an den folgenden Punkten kleine Sternchen:
(0 I 4); (4 I 5); (7 I 4); (11 I 3); (12 I 0); (18 I 1) und (18 I 5).
Verbinde die Sternchen in dieser Reihenfolge.
Wenn du noch die Punkte (11 I 3) und (18 I 5) verbindest, siehst du den Großen Wagen.

Der Polarstern ist ein heller Stern in der Nähe des Himmelnordpols. Den Polarstern findest du, wenn du die Strecke von (18 I 1) nach (18 I 5) um das Fünffache verlängerst.

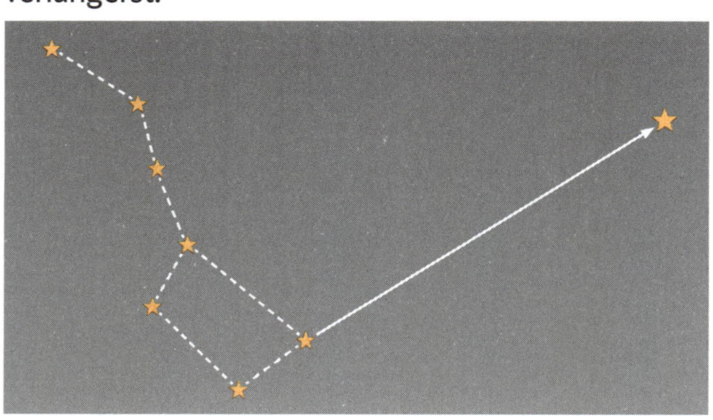

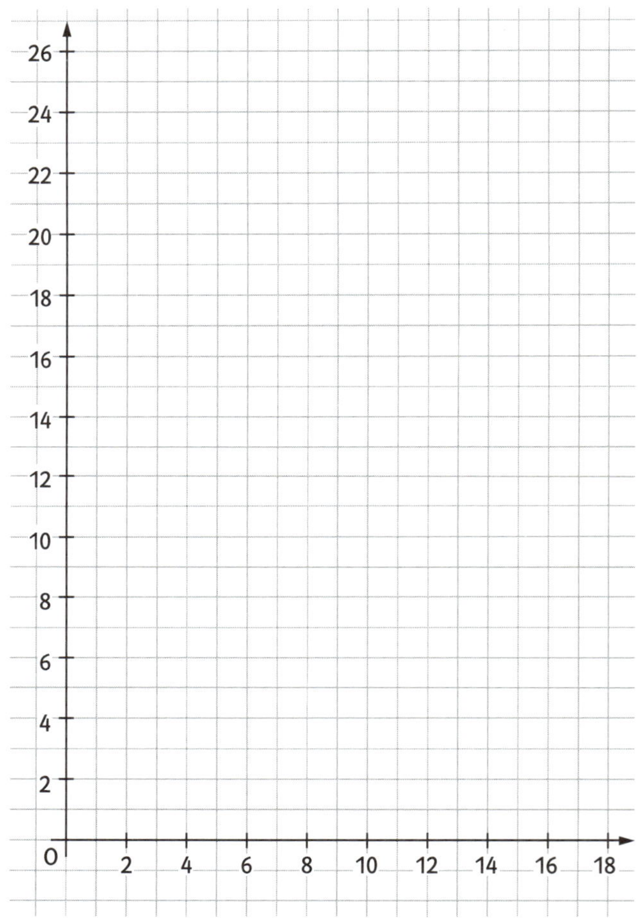

Markiere den Polarstern. Der Polarstern ist der Punkt (____ I ____).

Findest du den Großen Wagen und den Polarstern am nächtlichen Sternenhimmel?

1 Vom Punkt S aus sind vier Verbindungsstrecken zur Geraden g gezeichnet worden.
Miss die Entfernungen der vier Punkte auf der Geraden g zum Punkt S.

$\overline{SO}$ = _____ cm; $\overline{SP}$ = _____ cm;

$\overline{SQ}$ = _____ cm; $\overline{SR}$ = _____ cm

Was fällt dir auf?

Die Strecke zwischen S und P ist die _________________ Verbindungsstrecke zwischen S und einem Punkt auf der Geraden g.

Sie steht _____________________ auf g.

Die Länge dieser Strecke heißt ________________ des Punktes S von der Geraden g.

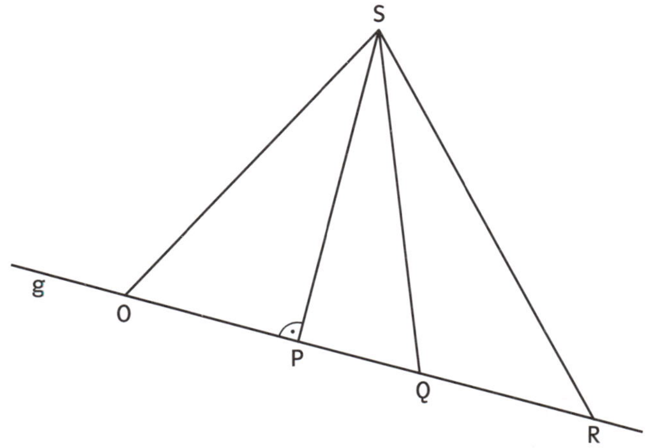

2 Markiere in der Abbildung von Aufgabe 1 mindestens zwei weitere Punkte, die die gleiche Entfernung zur Geraden g haben wie Punkt S zu Punkt P. Das Geodreieck kann dir dabei helfen.
Was fällt dir auf?

Alle gefundenen Punkte liegen auf einer ____________________, die durch den Punkt S geht und _________________ zur Geraden g verläuft. Beide Geraden haben einen Abstand von ________ cm.

3 Zeichne mithilfe des Geodreiecks einen Punkt E ein, der 2 cm Abstand zur Geraden g hat.
Zeichne zwei weitere Punkte L und M ein mit je 3 cm Abstand zur Geraden g.
Die Punkte L und M sollen nicht auf der gleichen Seite der Geraden g liegen.

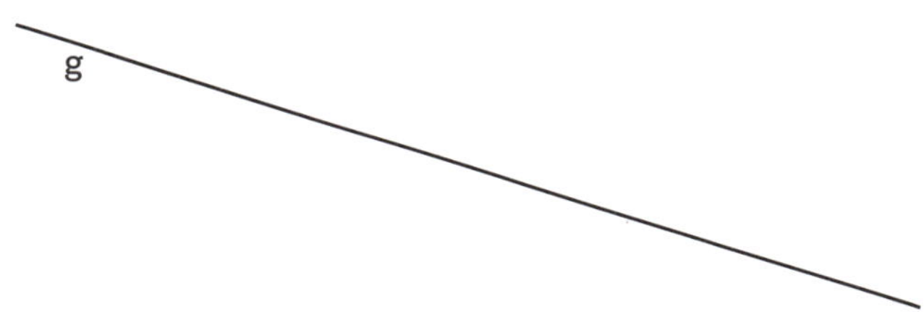

4 Die Zeichnung zeigt die Gerade g und die Punkte A, B, C und Q.

a) Welcher der Punkte A, B und C hat zu Punkt Q die kürzeste Entfernung?

Schätze zuerst: ______. Miss dann:

$\overline{AQ}$ = ______ cm; $\overline{BQ}$ = ______ cm ; $\overline{CQ}$ = ______ cm

Die Entfernung von Punkt ____ zu Punkt Q ist die kürzeste und beträgt _____ cm.

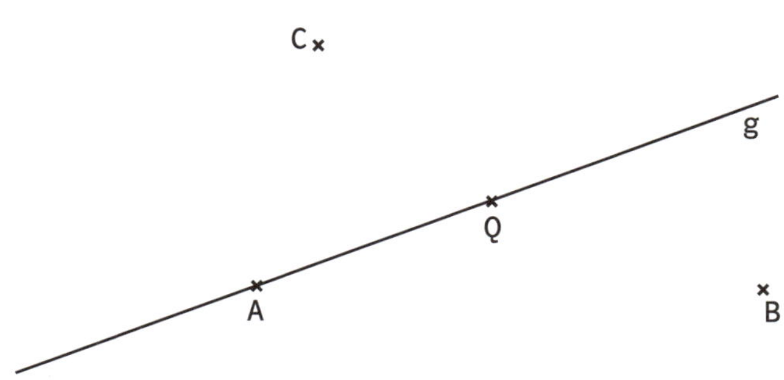

b) Zeichne durch die Punkte B und C jeweils eine Parallele zur Geraden g.
Welchen Abstand haben die beiden Parallelen zur Geraden g?

Der Abstand zur Geraden g beträgt _____ cm und _____ cm.

1 a) Falte ein Blatt Papier so, dass ein „rechter Winkel“ entsteht. Schneide den „rechten Winkel“ so ab, dass der abgeschnittene Teil aufgeklappt ein Viereck darstellt. Wie viele Symmetrieachsen hat dein abgeschnittenes Viereck? ________

b) Falte ein Blatt Papier so, dass ein „rechter Winkel“ entsteht. Schneide den „rechten Winkel“ so ab, dass ein Achteck entsteht. Wie viele Symmetrieachsen hat dein Achteck?

Das Achteck hat __________ Symmetrieachsen.

Tipp:
Für Aufgabe 1 brauchst du eine Schere und Papier.

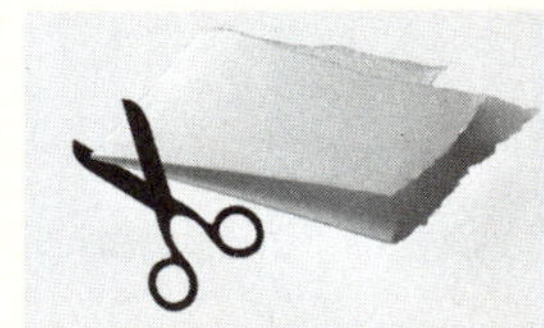

2 Prüfe, ob die abgebildeten Verkehrsschilder achsensymmetrisch sind. Zeichne jeweils, wenn möglich, die Symmetrieachsen ein.

Achsensymmetrisch?

Ja ☐ Nein ☐ Ja ☐ Nein ☐ Ja ☐ Nein ☐ Ja ☐ Nein ☐

3 Spiegle alle Punkte der Figur an der Spiegelachse. Ergänze die Beispiele.

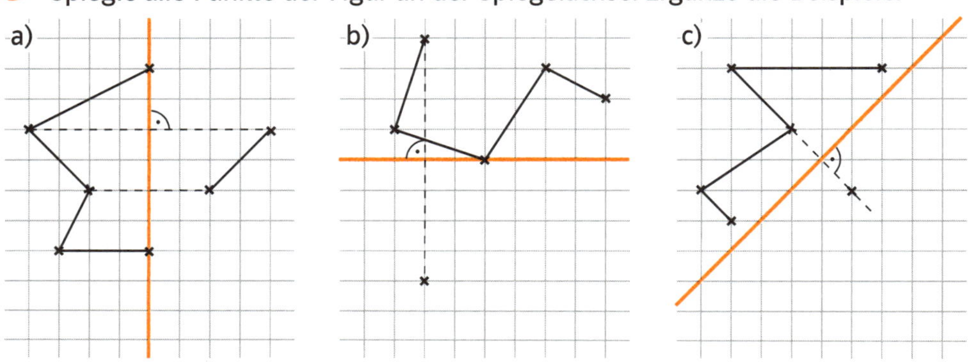

Tipp:
Spiegle mithilfe des Geodreiecks.

4 a) 16 der großen Druckbuchstaben sind achsensymmetrisch. Schreibe sie auf.

A B C D E F G
H I J K L M N
O P Q R S T
U V W X Y Z

b) Schreibe deinen Vornamen in großen Druckbuchstaben.

Welche Buchstaben deines Vornamens sind achsensymmetrisch? Schreibe die Anzahl der Symmetrieachsen unter die Buchstaben. Zeichne die Symmetrieachsen ein.

c) Finde Wörter, die achsensymmetrisch sind.

Beispiele: ECKE OTTO OTTO

5 In Formularen werden manchmal Ziffern in Druckschrift eingetragen, damit Computer sie leichter lesen können. Die Ziffern von 0 bis 9 sollen so aussehen:

a) Welche der Ziffern sind achsensymmetrisch? Wie viele Symmetrieachsen haben sie jeweils?

Ziffer					
Anzahl der Symmetrieachsen					

b) Findest du auch zweistellige Zahlen mit einer Symmetrieachse? Zeichne die Symmetrieachse ein.

c) Lena hat eine dreistellige Zahl mit zwei Symmetrieachsen gefunden. Suche weitere Beispiele.

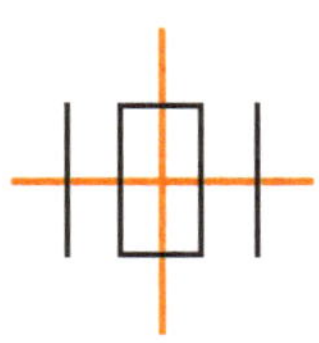

6 Welche Brettspiele und welche Ballspiele werden auf achsensymmetrischen Feldern gespielt? Finde weitere Spiele und gib die Anzahl der Symmetrieachsen an.

Brett- oder Ballspiel	Anzahl der Symmetrieachsen
Mühle	4
Fußball	

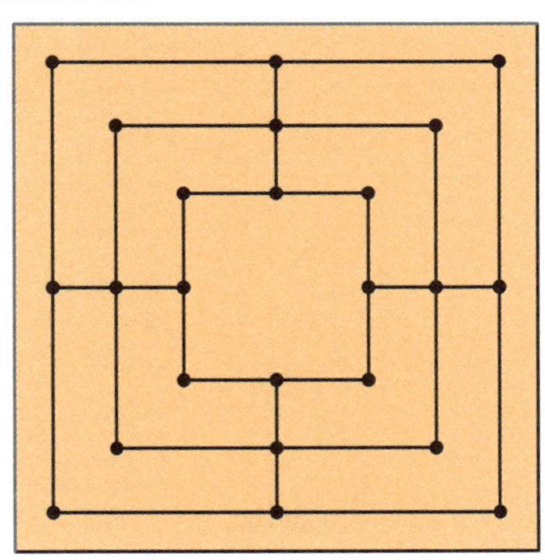

Erkläre, warum es so viele achsensymmetrische Spielfelder gibt.

Bei Spielen, die auf achsensymmetrischen Feldern gespielt werden, haben die Spieler und die Mannschaften

1 Welche Figuren sind punktsymmetrisch? Kreuze an.

2 Einige Figuren sind punktsymmetrisch und achsensymmetrisch. Zeichne jeweils den Symmetriepunkt und die Symmetrieachsen ein.

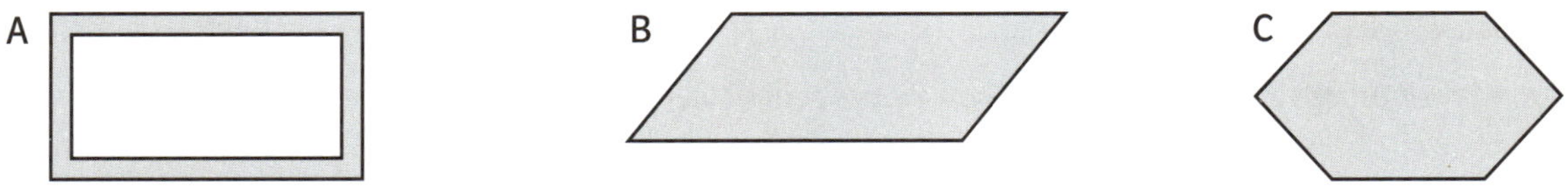

Die Figuren ______________ sind achsensymmetrisch.

Die Figuren ______________ sind punktsymmetrisch.

3 a) Zeichne das Dreieck mit den Eckpunkten A(2 | 7); B(7 | 7) und C(7 | 12), und das Dreieck mit den Eckpunkten B(7 | 7); D(10 | 1) und E(13 | 4) in das Quadratgitter ein.

b) Zeichne die Symmetrieachse ein. Nenne drei Punkte, die auf der Symmetrieachse liegen:
(____ | ____); (____ | ____); (____ | ____)

c) Zeichne eine Gerade g durch die Punkte O(0 | 0) und B (7 | 7). Spiegle beide Dreiecke an der Gerade g.

Ist die entstandene Figur punktsymmetrisch?

________ .

Der Symmetriepunkt ist ____ (____ | ____)

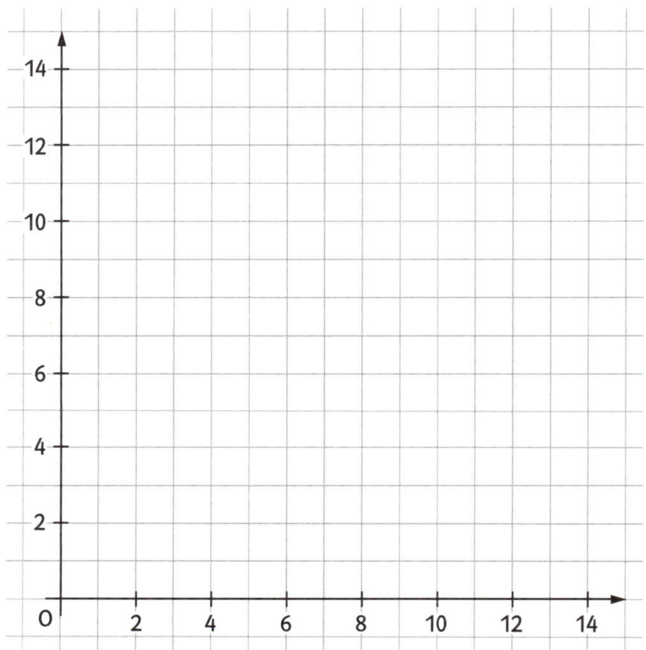

4 a) Markiere die punktsymmetrischen Buchstaben. Markiere jeweils den Symmetriepunkt Z.

S A N O B

b) Welche anderen großen Druckbuchstaben sind punktsymmetrisch? ______________

5 Ergänze die Figur jeweils so, dass sie punktsymmetrisch ist.

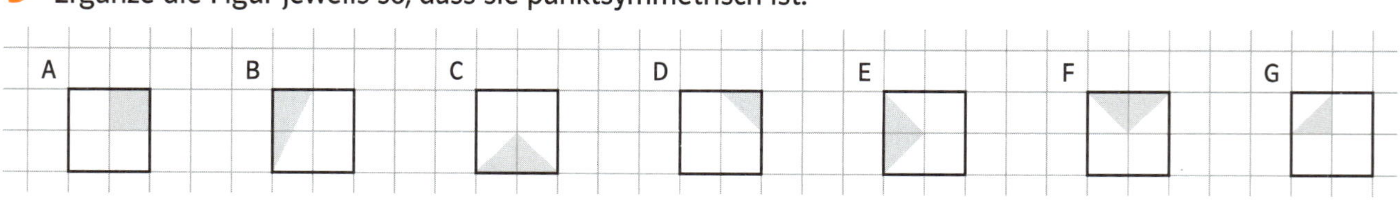

Das habe ich gelernt.

1 a) Wie viele Linien sind Strecken, wie viele sind Geraden?

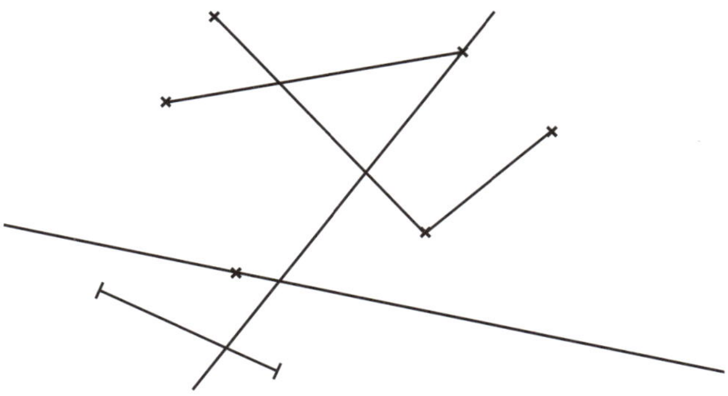

Anzahl Strecken: ____ ; Anzahl Geraden: ____

b) Tina behauptet, dass alle farbigen Strecken gleich lang sind. Hat Tina recht?
Schätze zuerst. Miss dann nach.

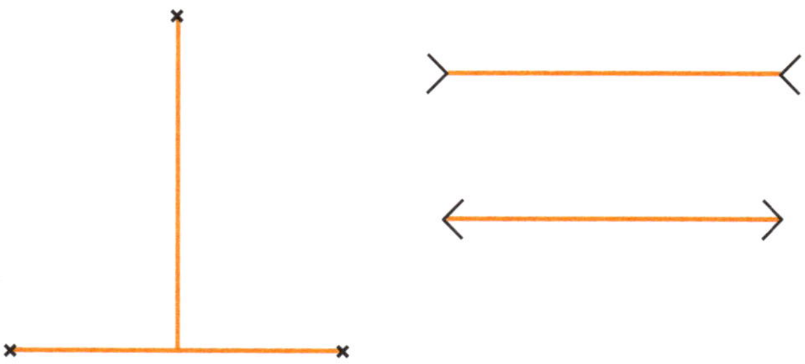

Tina hat ______________________________ .

2 a) Alexander möchte mit dem Geodreieck senkrechte und parallele Linien zeichnen.
Wie viele Fehler haben sich eingeschlichen? Worauf hat Alexander zu achten?

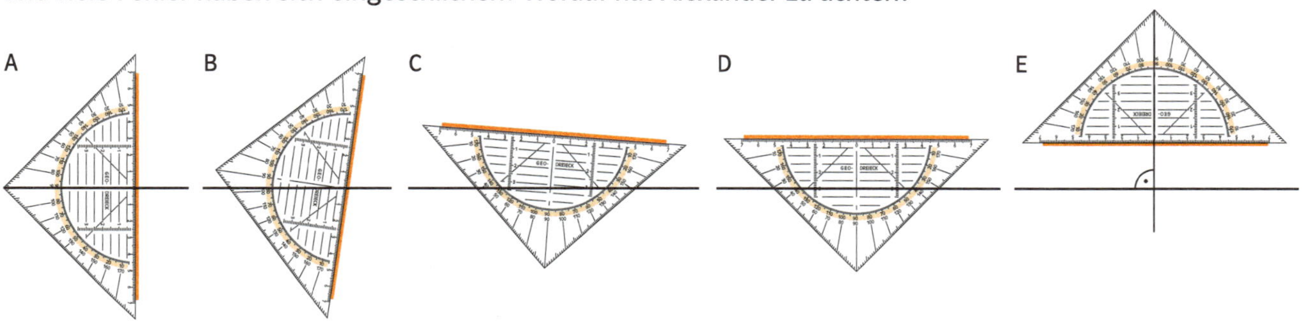

Bei folgenden Bildern haben sich Fehler eingeschlichen: ____________

Alexander hat auf Folgendes zu achten: ______________________________

____

b) Die Abbildungen sind fehlerhaft. Finde die Fehler. Zeichne die Geraden richtig.

Zwei Geraden sollen senkrecht auf der dritten Gerade liegen.

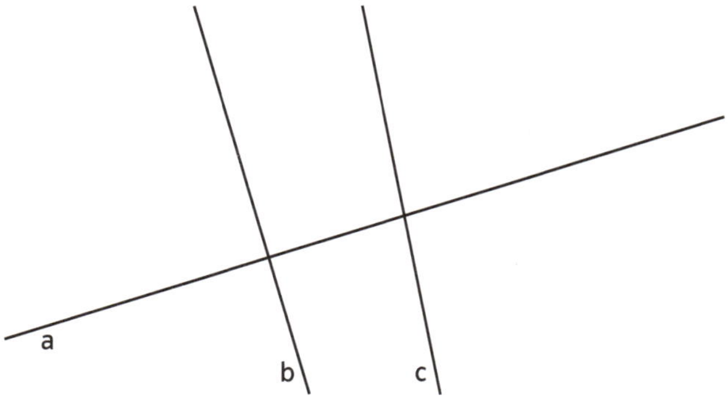

Die drei Geraden sollen parallel zueinander liegen.

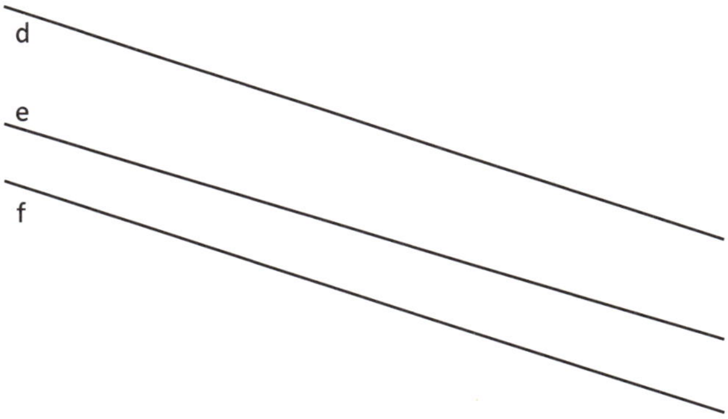

3 In drei Quadratgitter haben sich Fehler eingeschlichen. Finde die Fehler und beschreibe sie.

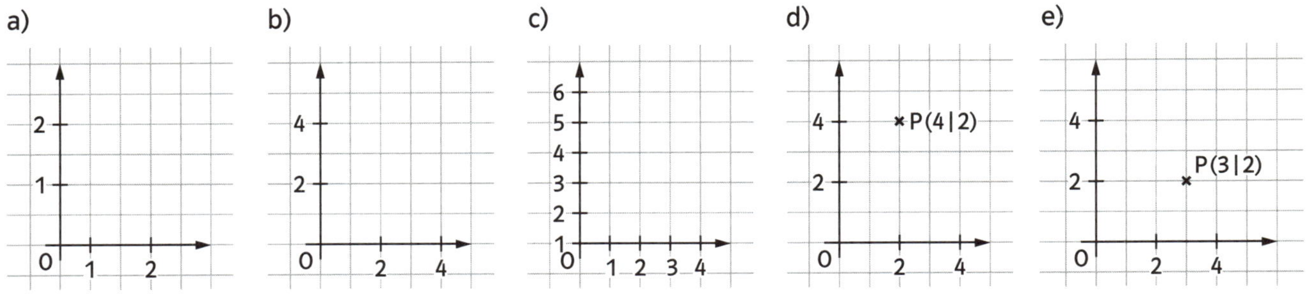

Bei Quadratgitter ____ ist die Einteilung der Rechtsachse nicht gleichmäßig.

Bei Quadratgitter ____ beginnt die Einteilung der Hochachse nicht ____________________.

Bei Quadratgitter ____ ____.

Die Quadratgitter ____ und ____ sind richtig gezeichnet.

4 Lucas legt zwei Geodreiecke unterschiedlich übereinander und markiert jeweils zwei Eckpunkte.

	richtig	falsch
a) Wenn die Dreiecke gleichmäßig übereinander liegen, dann beträgt die Entfernung der markierten Eckpunkte 16 cm.	☐	☐
b) In beiden Bildern ist die Entfernung der markierten Eckpunkte gleich.	☐	☐
c) Der Abstand der markierten Eckpunkte zur langen Seite des Geodreiecks ist in beiden Bildern gleich.	☐	☐

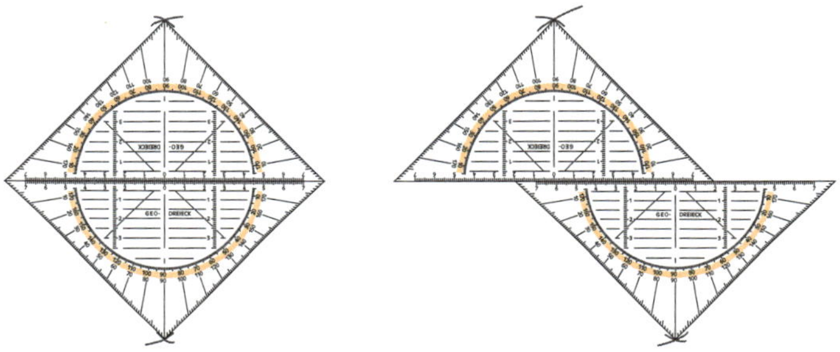

5 Überall achsensymmetrische Figuren? Finde die beiden richtigen Spiegelungen.

Bei den Abbildungen ____ und ____ wurde richtig gespiegelt.

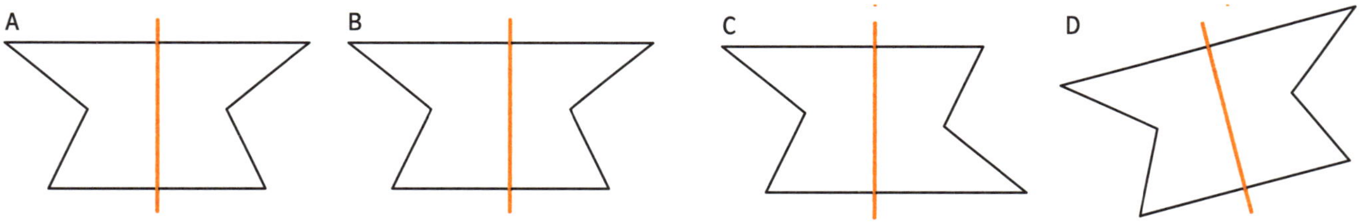

6 Richtig oder falsch? Kreuze an.

	richtig	falsch
a) Die abgebildete Karte ist punktsymmetrisch, aber nicht achsensymmetrisch.	☐	☐
b) Der Symmetriepunkt der Karte ist die Gürtelschnalle in der Mitte.	☐	☐
c) Wenn du die Karte auf den Kopf stellst, ist sie immer noch punktsymmetrisch.	☐	☐

Wo stehe ich?

Ich kann …	So schätze ich mich selbst ein:	Meine Testergebnisse:
1 Figuren genau abzeichnen und färben.	☺ 😐 ☹	☺ 😐 ☹
2 ebene Figuren benennen.	☺ 😐 ☹	☺ 😐 ☹
3 Rechtecke und Quadrate erkennen.	☺ 😐 ☹	☺ 😐 ☹
4 Rechtecke und Quadrate zeichnen.	☺ 😐 ☹	☺ 😐 ☹
5 Körper erkennen.	☺ 😐 ☹	☺ 😐 ☹
6 Würfel und Quader beschreiben.	☺ 😐 ☹	☺ 😐 ☹
7 Wegbeschreibungen bei Körpern verstehen.	☺ 😐 ☹	☺ 😐 ☹
8 Würfel- und Quadernetze erkennen.	☺ 😐 ☹	☺ 😐 ☹

Test zur Überprüfung deiner Selbsteinschätzung

1 Übertrage die Figuren in das nebenstehende Gitternetz und färbe sie. Zeichne nicht über den Rand.

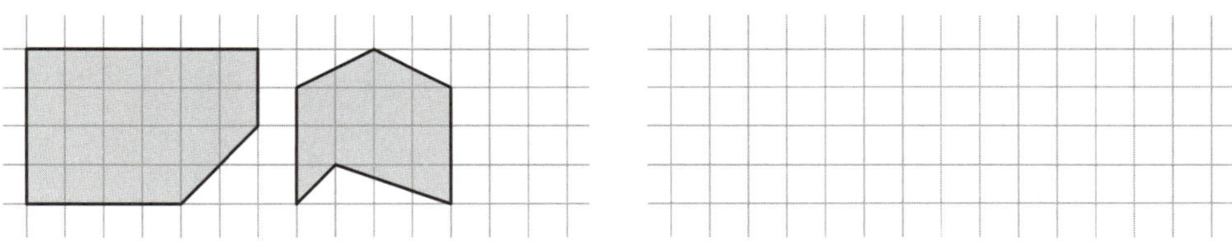

☺ 😐 ☹
Ich übe nochmal:
→ Seite 47 | Aufgabe 3

2 Benenne die Figuren.

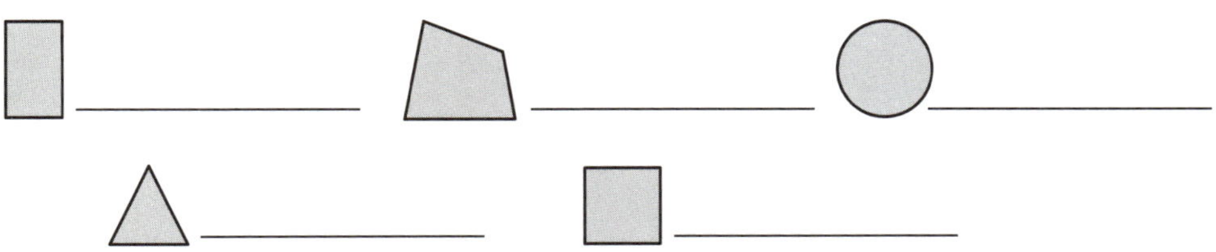

☺ 😐 ☹
Ich übe nochmal:
→ Seite 47 | Aufgabe 2

3 Welche Figur ist ein Rechteck und welche ein Quadrat?

Rechteck: ____________________

Quadrat: ____________________

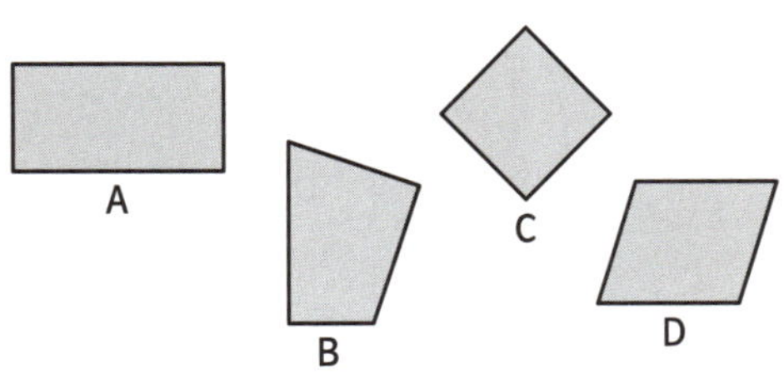

☺ 😐 ☹
Ich übe nochmal:
→ Seite 47 | Aufgaben 3 und 4

4 a) Zeichne ein Rechteck mit den Seitenlängen 3 cm und 5 cm.

b) Zeichne ein Quadrat mit 6 Kästchen Seitenlänge.

Ich übe nochmal:
→ Seite 47 | Aufgabe 3

5 Benenne die Körper.

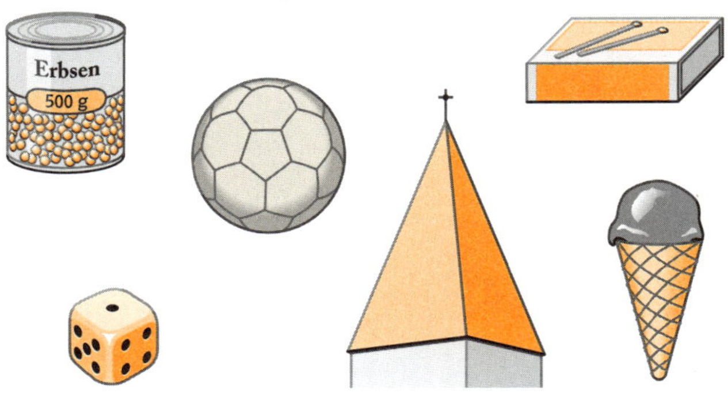

Kegel

Zylinder

Kugel

Würfel

Quader

Pyramide

6 Fülle die Tabelle aus.

	Anzahl Ecken	Anzahl Kanten	Anzahl Flächen	Formen der Seitenflächen
Würfel				
Quader				

7 Die Raupe kriecht auf den Kanten von Punkt A aus nach oben, nach hinten, nach rechts, nach unten und nach vorne. Wo kommt sie an?

Die Raupe kommt bei Punkt _______ an.

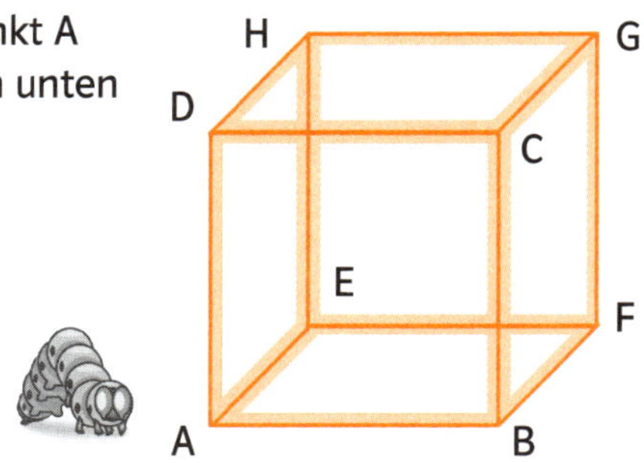

Ich übe nochmal:
→ Seite 50 | Aufgabe 1

8 Welcher Körper entsteht aus dem Netz?

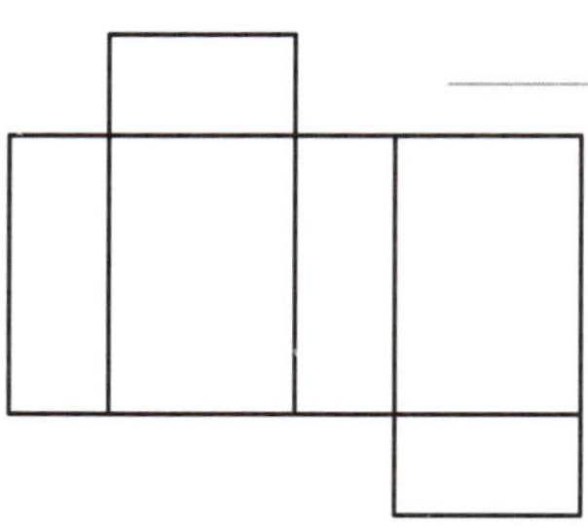

____

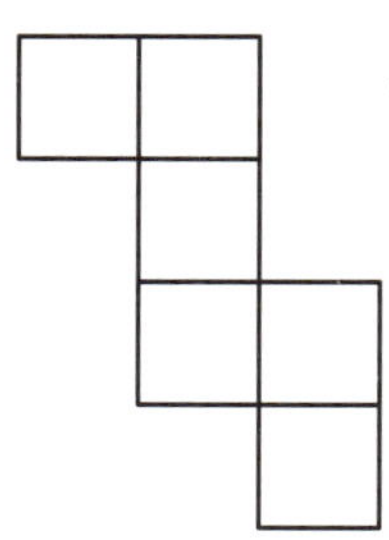

____

Ich übe nochmal:
→ Seite 50 | Aufgabe 5
→ Seite 51 | Aufgabe 3

1 Maria legt mit Streichhölzern Rechtecke und Quadrate.

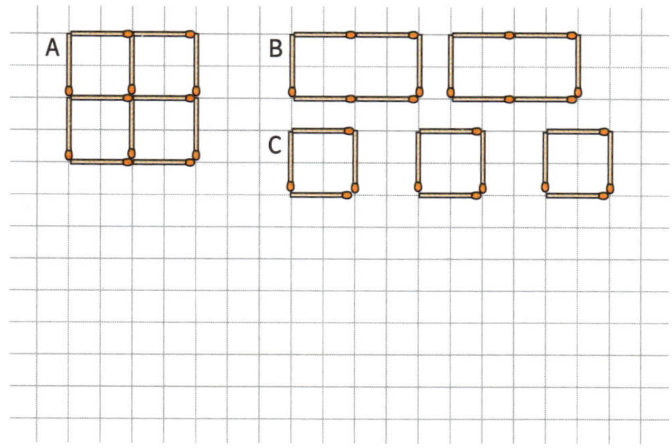

a) Lege die abgebildeten Figuren mit Streichhölzern (oder Stiften) nach. Wie viele Streichhölzer brauchst du jeweils?

A: ________ B: ________ C: ________

b) Lege zwei verschieden große Rechtecke mit je zwölf Streichhölzern (oder Stiften).

c) Gelingt es dir, mit zwölf Streichhölzern ein Quadrat zu legen? Zeichne es ins Karogitter ein.

2 Welche der Figuren sind Rechtecke, welche Quadrate? Überprüfe mit dem Geodreieck und kennzeichne rechte Winkel (∟). Rechtecke sind ____________________ ; Quadrate sind ____________________

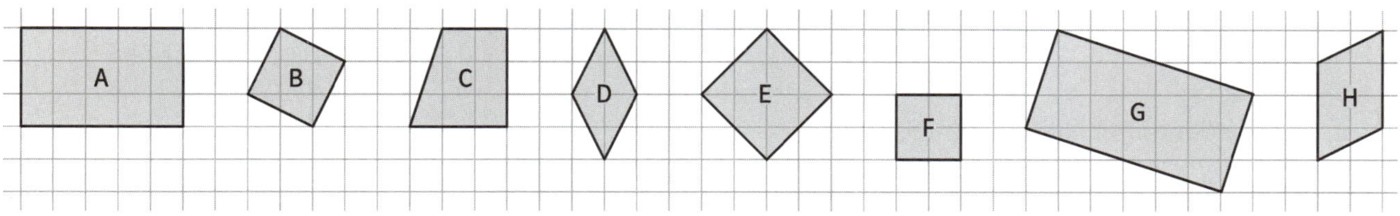

3 Zeichne auf kariertes Papier

a) ein Rechteck, das 8 Kästchen lang und 6 Kästchen breit ist.

b) drei verschiedene Rechtecke aus jeweils 12 Kästchen.

c) ein Rechteck, das 4 cm lang und 4 cm breit ist. Ein solches Rechteck nennt man auch ____________ .

d) ein Quadrat aus 25 Kästchen.

4 Ergänze A bis C zu einem Quadrat und D bis F zu einem Rechteck.

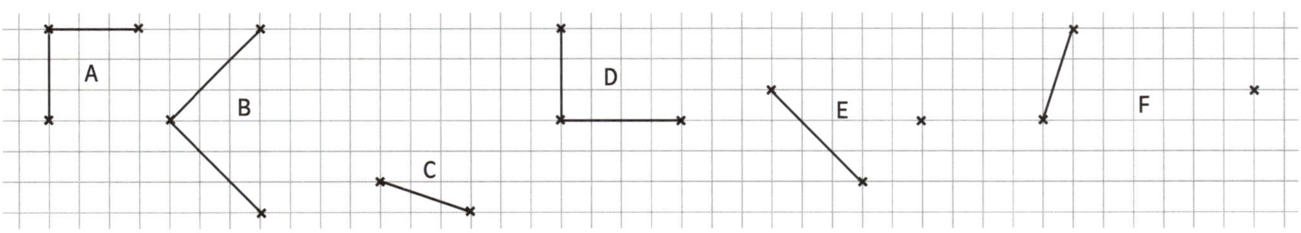

5 Zeichne die Punkte in ein Quadratgitter ein. Ergänze zu einem Rechteck und beschrifte die Gitterpunkte.

a) A(2 | 2); B(8 | 2); C(8 | 6)

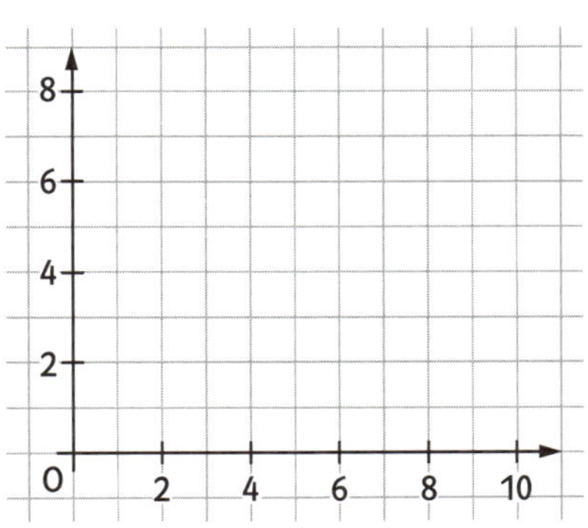

D(____ | ____)

b) E(0 | 4); F(4 | 0); G(8 | 4)

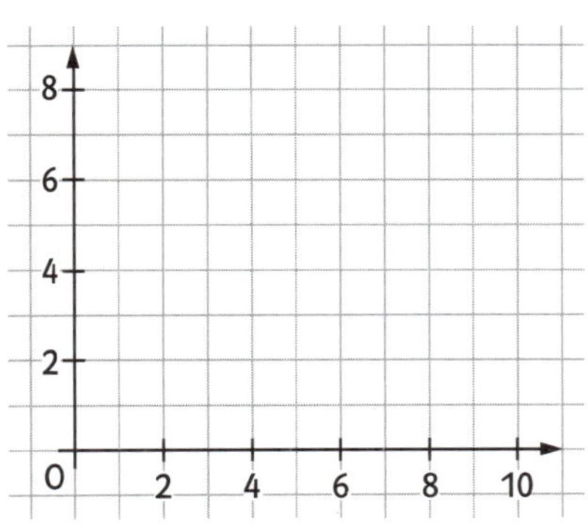

H(____ | ____)

c) L(8 | 4); M(8 | 8), die Länge ist doppelt so lang wie die Breite.

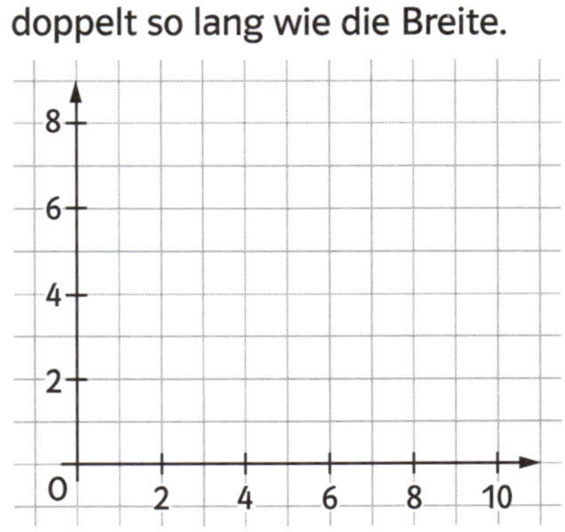

K(____ | ____) N(____ | ____)

1 Benjamin hat vier flexible, gleich lange Trinkhalme zu einem Quadrat zusammengesteckt. Das Quadrat ist in seinen Ecken beweglich. Durch Bewegen der Seiten werden neue Vierecke erzeugt.
Benjamin behauptet: „Alle entstehenden Vierecke sind Parallelogramme und Rauten."
Prüfe selbst nach und vervollständige die Sätze.

Alle Vierecke haben gleich lange ______________________ .

Gegenüberliegende Seiten sind ______________________ .

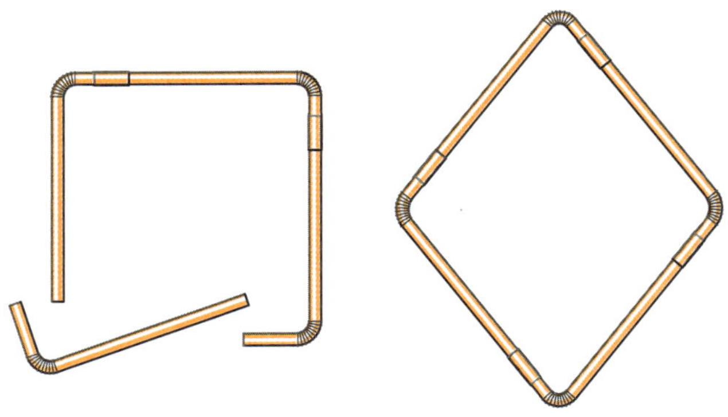

2 Alles Rauten oder was? Kreuze die Bilder an, auf denen eine Raute abgebildet ist.

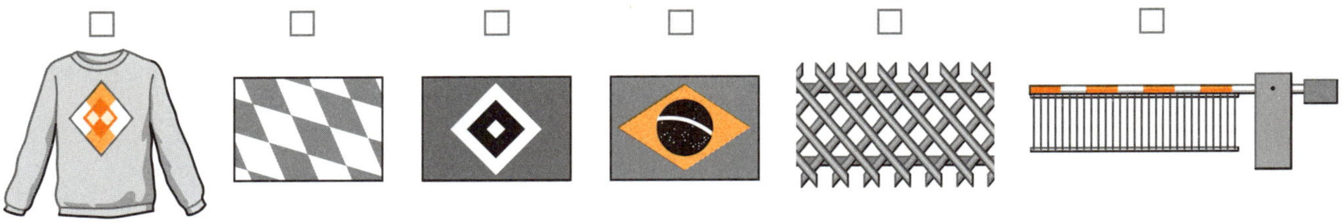

3 a) Welche der abgebildeten Formen sind

Parallelogramme? ______________________

b) Welche sind besondere Parallelogramme, also Rechtecke, Quadrate oder Rauten?
Überprüfe mit dem Geodreieck oder durch Abzählen der Kästchen.

Rechtecke sind ______________________ ;

Quadrate sind ______________________ ;

Rauten sind ______________________ .

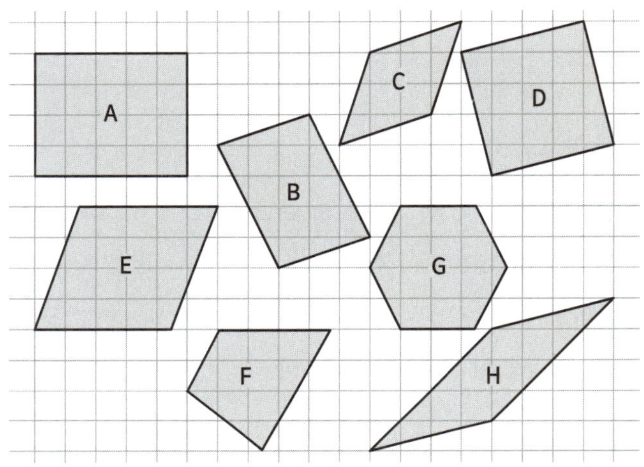

4 Auf einem Gitterpunkt liegt der Punkt A.
Gehe von A aus acht Kästchen nach rechts und dann vier Kästchen nach oben. Bezeichne den erreichten Gitterpunkt mit B.
Gehe jetzt von B aus ein Kästchen nach oben und dann fünf Kästchen nach links. Nenne den Punkt C.
Verbinde die Punkte in alphabetischer Reihenfolge.
Ergänze einen Punkt D so, dass A, B, C und D Eckpunkte eines Parallelogramms sind.

5 Ergänze A bis C zu einem Parallelogramm und D bis F zu einer Raute.
Vorsicht: Bei Figur C findest du zwei Lösungen!

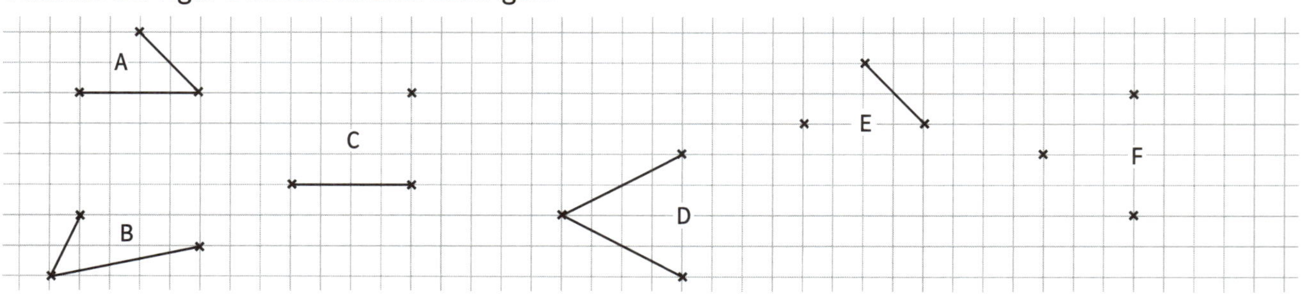

Noch mehr Vierecke

1 Corinna möchte ein DIN-A4-Blatt so falten, dass ein Drachen und ein symmetrisches Trapez entstehen.

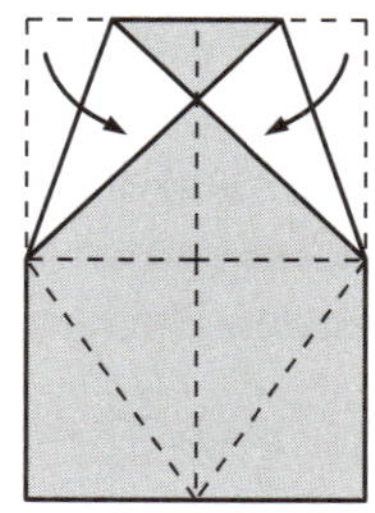

Welche Vierecke kannst du erkennen?

____

Falte ein DIN-A4-Blatt so, dass ein Drachen und ein symmetrisches Trapez entstehen. Die Faltlinien helfen dir.

2 Überprüfe mit dem Geodreieck oder durch Abzählen der Kästchen, um welche Vierecke es sich handelt.

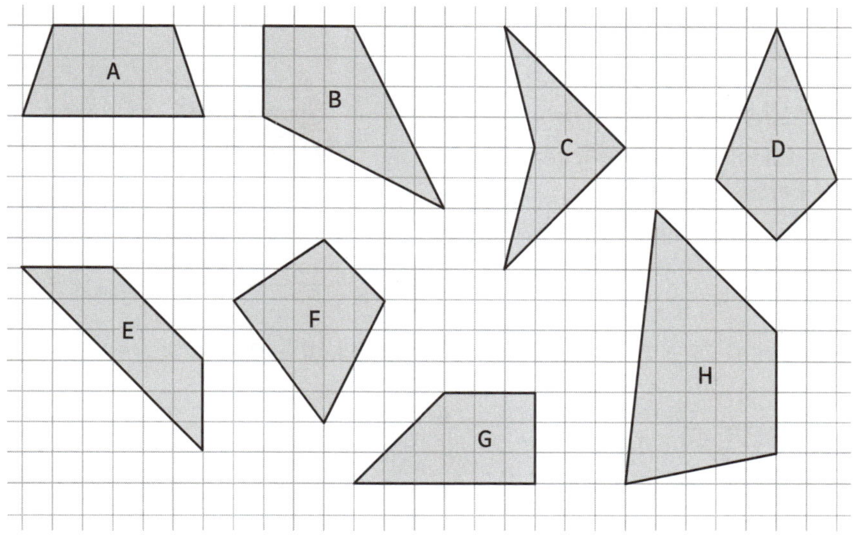

a) ______________ sind Drachen.

b) ______________ sind symmetrische Trapeze.

c) Das Viereck C ist

ein ______________________,

weil ______________________

____

______________________.

3 Ergänze A bis C zu einem Drachen und D bis F zu einem symmetrischen Trapez. Zeichne die Symmetrieachsen ein.

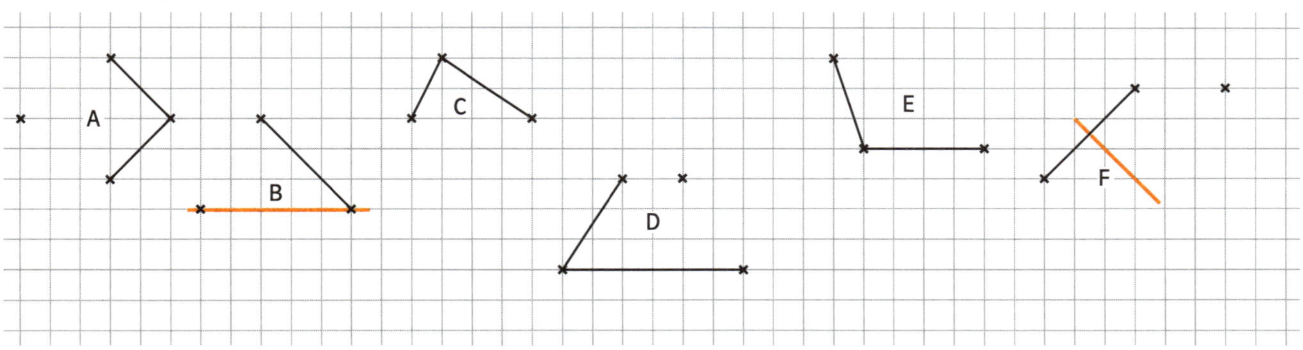

4 Welches Viereck wird beschrieben? Kreuze an. Manchmal gibt es mehrere Möglichkeiten.

						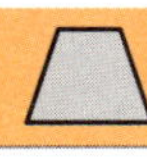
a) Dieses Viereck hat vier rechte Winkel.	☐	☐	☐	☐	☐	☐
b) Dieses Viereck hat keinen rechten Winkel und zwei Paare zueinander paralleler Seiten.	☐	☐	☐	☐	☐	☐
c) Dieses Viereck hat nur eine Symmetrieachse.	☐	☐	☐	☐	☐	☐
d) Dieses Viereck hat vier gleich lange Seiten, aber keinen rechten Winkel.	☐	☐	☐	☐	☐	☐
e) Dieses Viereck hat keinen rechten Winkel und nur ein Paar zueinander paralleler Seiten.	☐	☐	☐	☐	☐	☐

1 a) Färbe die vordere, obere und rechte Fläche des Würfels mit unterschiedlichen Farben.
Färbe anschließend im Würfelnetz die entsprechenden Flächen.

b) Ergänze die fehlenden Bezeichnungen der unteren, hinteren und linken Fläche. Färbe im Netz gegenüberliegende Flächen mit der gleichen Farbe.

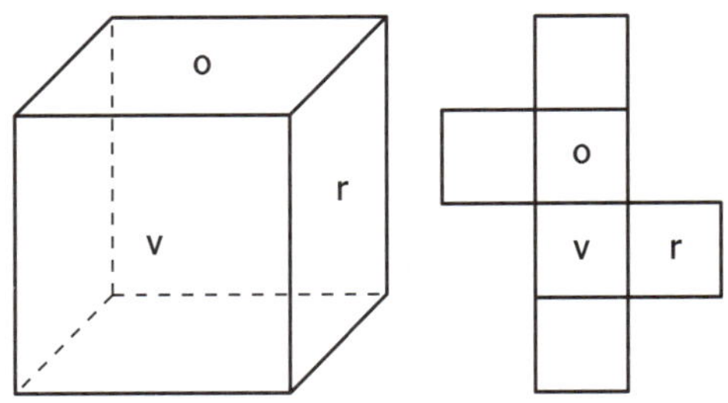

2 Beim abgebildeten Würfel sollen gegenüberliegende Flächen die gleiche Farbe haben.
Ergänze bei beiden Würfelnetzen die fehlenden Bezeichnungen.

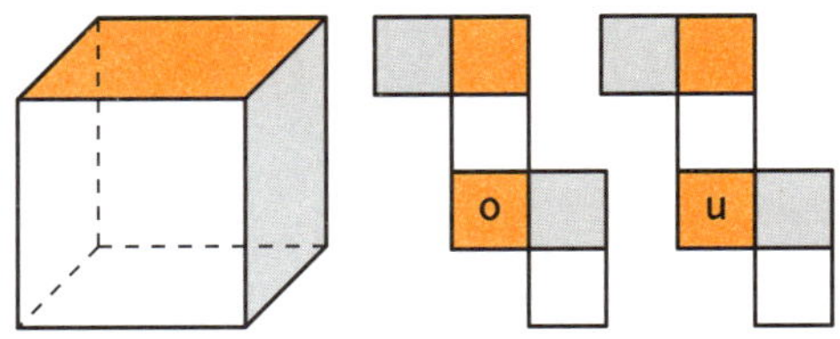

3 Übertrage die Buchstaben der Würfelecken in das Netz.

a)

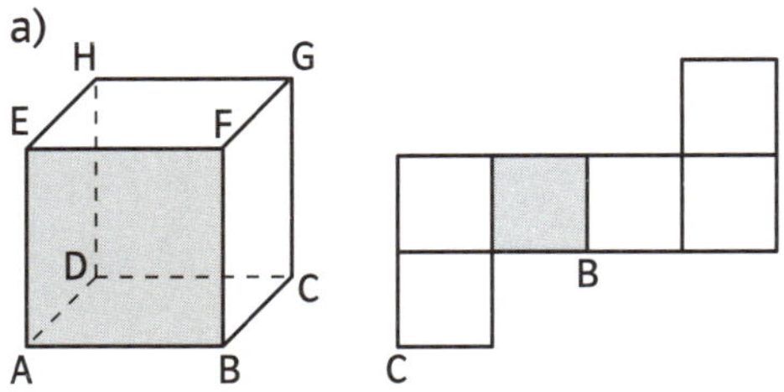

b)

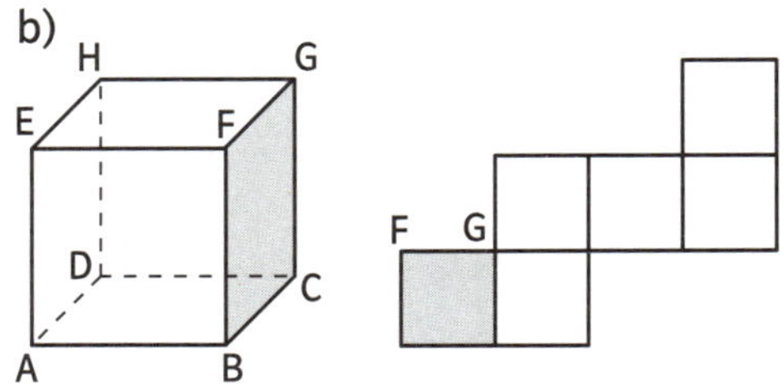

4 Im Gitternetz sind drei Teilnetze eines Würfels abgebildet.
Ergänze so, dass unterschiedliche Würfelnetze entstehen.
Zeichne danach die Würfelnetze in doppelter Größe auf ein kariertes Blatt, schneide sie aus und falte die Netze zu einem Würfel.

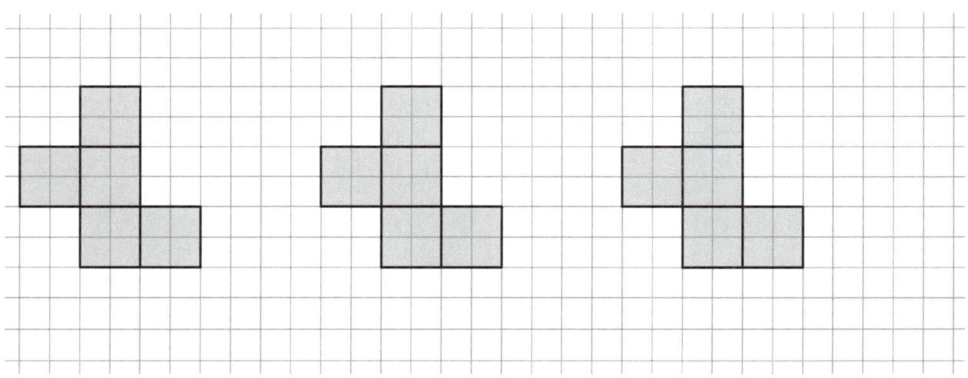

5 Drei der vier Netze sind Würfelnetze. Wenn du unsicher bist, dann zeichne das Würfelnetz auf ein kariertes Blatt, schneide es aus und falte das Netz zu einem Würfel.

A ☐

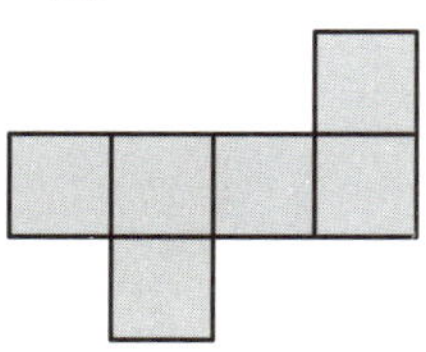

B ☐

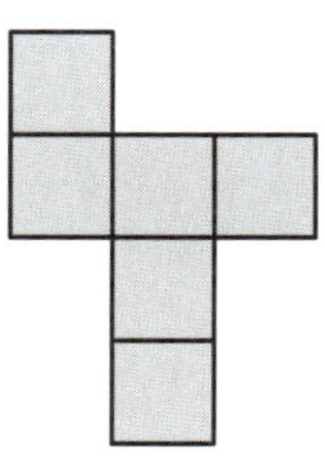

C ☐

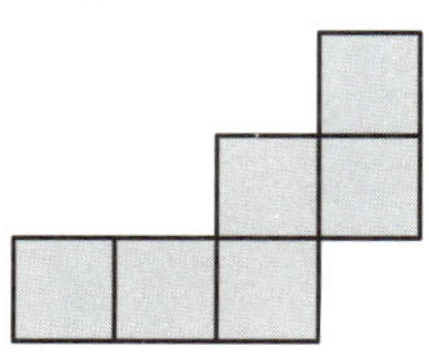

D ☐

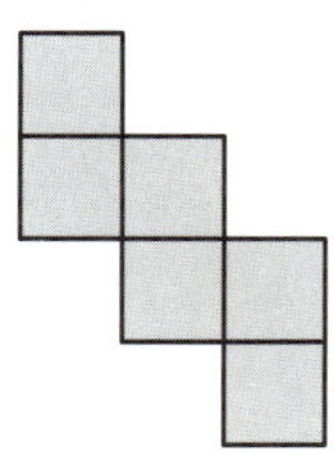

Tipp:

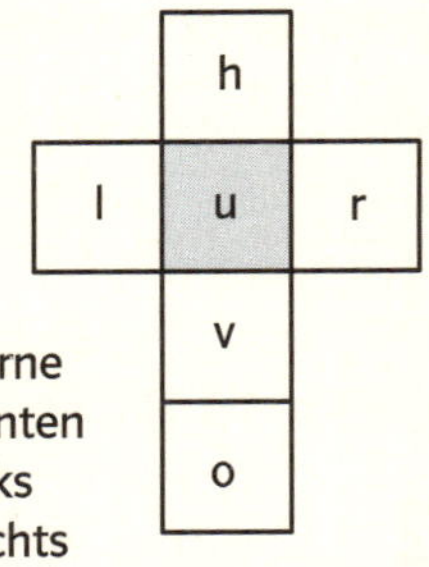

v – vorne
h – hinten
l – links
r – rechts
o – oben
u – unten

Info:
Steckbrief Würfel

Ecken: 8
Kanten: 12
Flächen: 6,
alle gleich groß
Flächenform: Quadrat

1 Ina hat mithilfe eines Quaders durch Umfahren der Seitenkanten verschiedene Rechtecke gezeichnet. Zwei Rechtecke sind ihr nicht gelungen. Prüfe mit dem Geodreieck und markiere die Rechtecke.

2 Lara hat mit zwei unterschiedlichen Quadernetzen begonnen. Dafür hat sie die Seitenflächen der Quader aus Aufgabe 1 verwendet. Vervollständige die Netze.

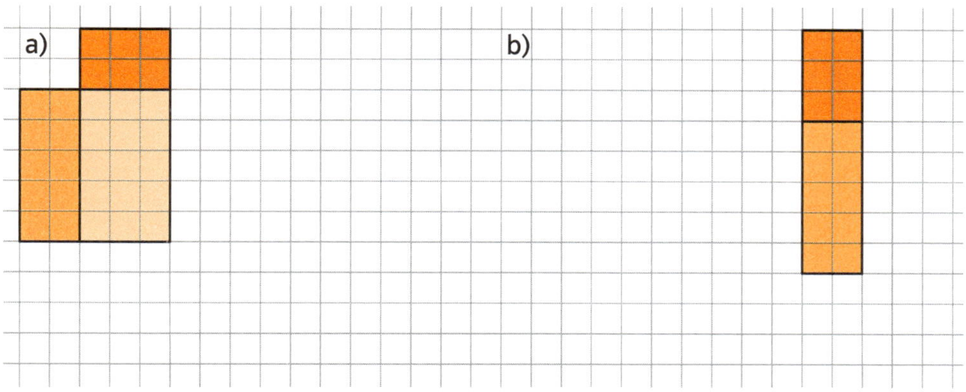

3 Ergänze zu vollständigen Quadernetzen.

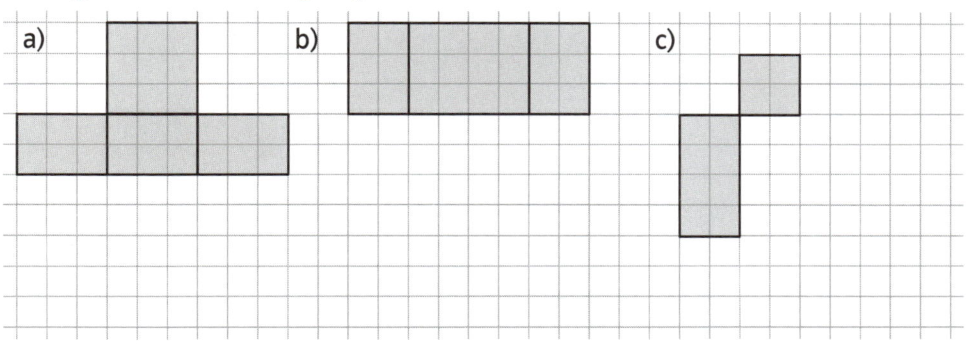

4 Bei diesen Spielquadern ist die Summe der Zahlen auf gegenüberliegenden Flächen immer 11. Ergänze die Zahlen auf dem entsprechenden Quadernetz.

a)

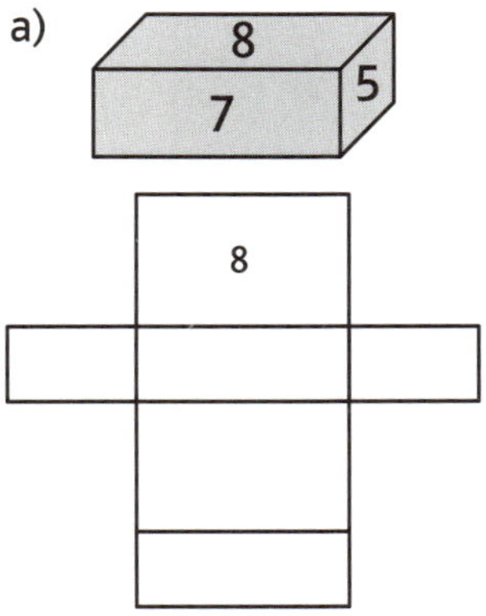

b)

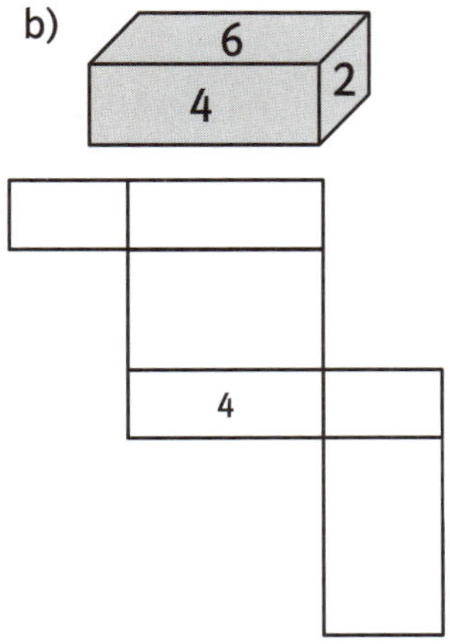

c)

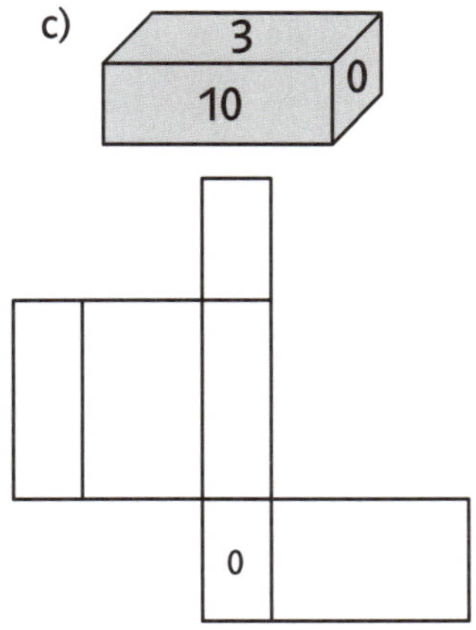

Info:

Steckbrief Quader

Ecken: 8
Kanten: 12
Flächen: 6
Flächenform: Rechteck

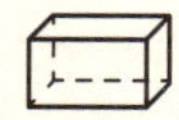

1 Leon hat das Schrägbild eines Würfels in unterschiedlichen Abbildungen dargestellt. Nur eine Abbildung ist richtig gezeichnet. Welche? Ergänze die Tabelle und begründe damit deine Entscheidung.

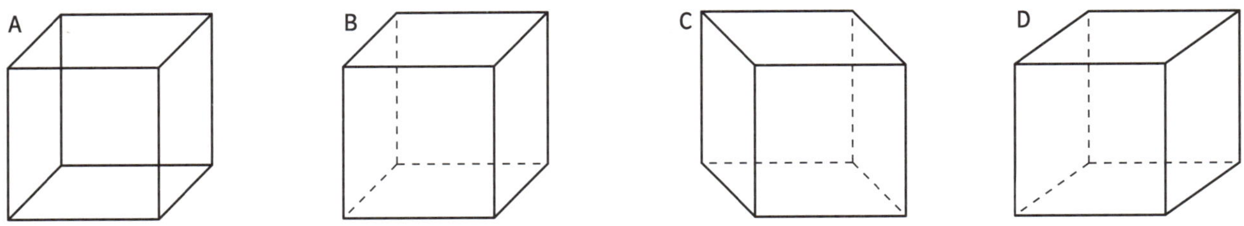

	Die Vorder- und Hinterfläche sind ein … mit gleichen Maßen.	Verdeckte Kanten sind … gezeichnet.	Nach hinten laufende Kanten führen … nach … oben.	Nach hinten laufende Kanten haben … Länge.
A	Quadrat			
B				halbe
C		gestrichelt		
D			zu flach nach rechts oben	

Das Bild ______ entspricht dem Schrägbild eines Würfels.

2 Ergänze zum Schrägbild eines Würfels.

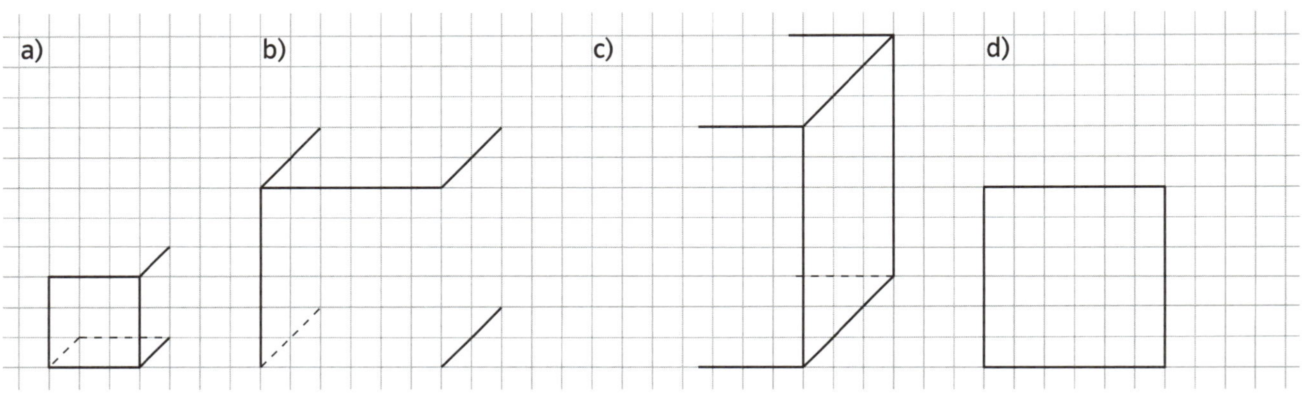

3 Tom hat einen Quader in drei unterschiedlichen Lagen gezeichnet.
Ergänze jeweils das Schrägbild des Quaders.

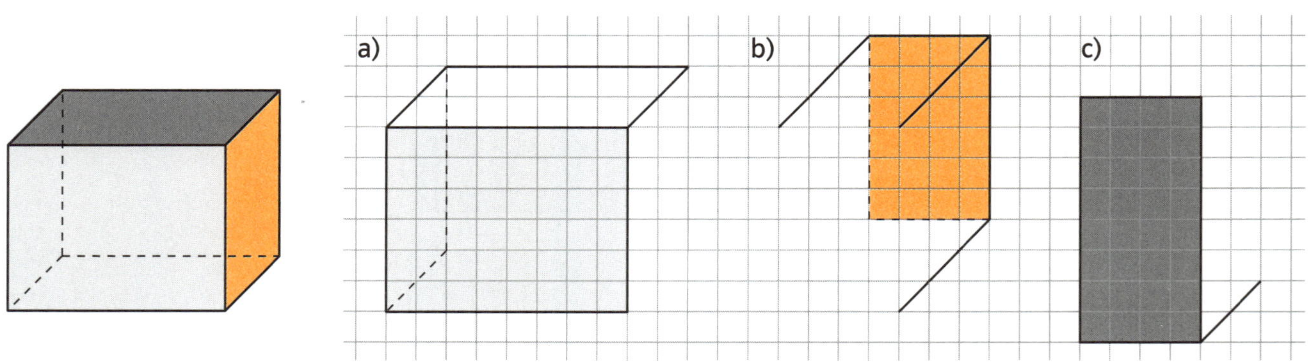

Das habe ich gelernt.

1 Das eingezeichnete Quadrat hat eine Seitenlänge von 3 cm. Zeichne zusätzlich

a) ein Quadrat mit halb so großer Seitenlänge.

b) ein Rechteck mit halb so vielen Kästchen.

2 Welche Behauptung ist richtig, welche falsch?

	richtig	falsch
a) Es gibt Rechtecke, die keine Quadrate sind.	☐	☐
b) Jedes Rechteck ist auch ein Quadrat.	☐	☐
c) Alle Quadrate sind auch Rechtecke.	☐	☐
d) Rechtecke und Quadrate haben gleich viele Symmetrieachsen.	☐	☐

3 Felix hat mit zwei Geodreiecken ein Viereck dargestellt.

Stella meint: „Dieses Viereck ist ein Rechteck, da rechte Winkel zu erkennen sind."

Hat Stella recht? ______________________________

____

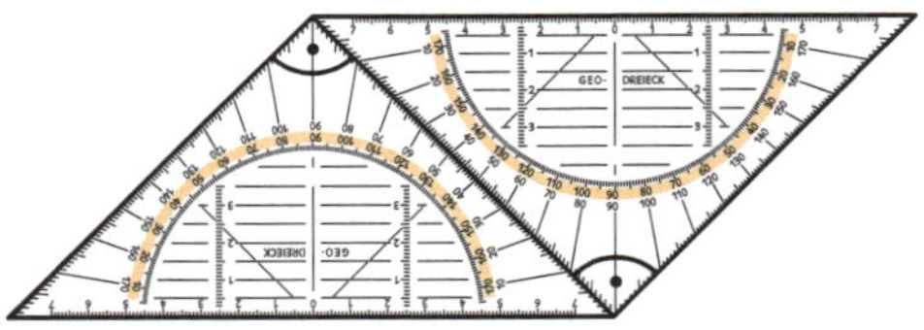

4 Ergänze die Seiten mithilfe eines Geodreiecks zu Parallelogrammen, die keine Rechtecke sind.

a) Die Seiten sollen 5 cm und 3 cm lang sein.

b) Alle Seiten sollen 3 cm lang sein.

3 cm

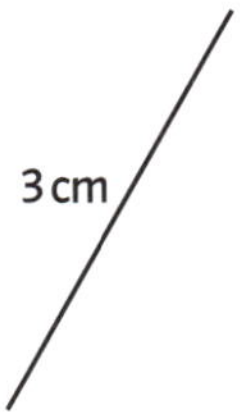

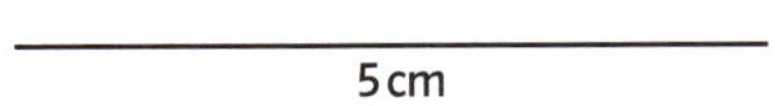

5 cm

5 Katharina und Christian verbinden jeweils die Seitenmitten der symmetrischen Trapeze zu einem Viereck.

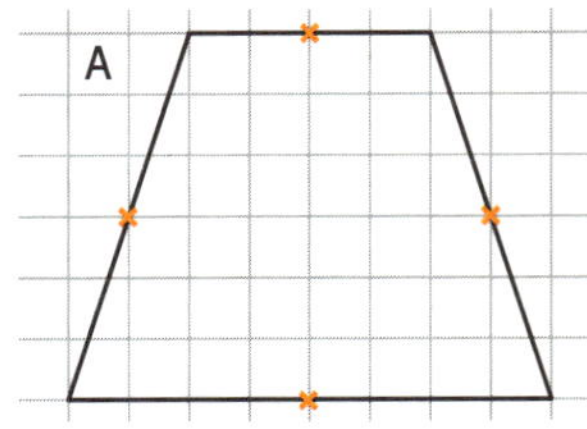

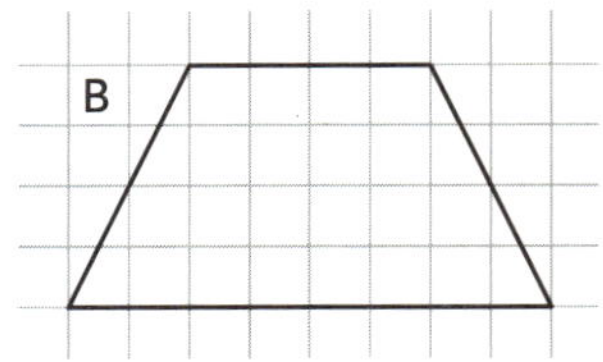

a) Katharina meint: „Im Trapez A entsteht ein Viereck, das sowohl eine Raute, als auch ein Quadrat ist."

Hat Katharina recht? ______________________________

b) Christian behauptet: „Im Trapez B entsteht ein Viereck, das zugleich eine Raute und ein Quadrat ist."

Hat Christian recht? ______________________________

6 Gegenüberliegende Seiten eines Spielwürfels haben die Augensumme 7. Ergänze die abgebildeten Würfelnetze.

a) 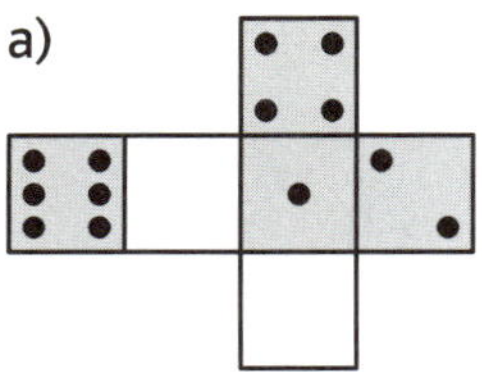

b) 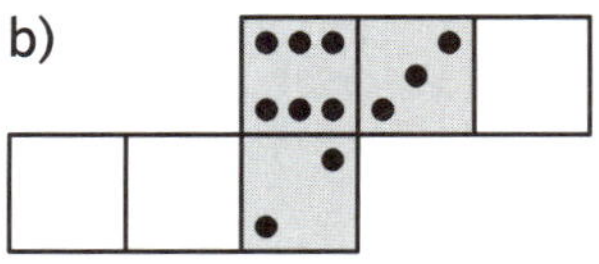

c) 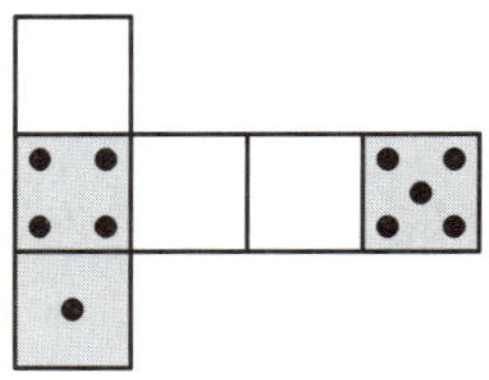

7 Welche Behauptung ist richtig, welche falsch?

	richtig	falsch
a) Ein Würfel hat 24 Kanten: vier oben, vier unten, vier vorne, vier hinten, vier links und vier rechts.	☐	☐
b) Jede Kante eines Würfels verbindet zwei Ecken. Ein Würfel hat 12 Kanten, also hat er 24 Ecken.	☐	☐
c) Ein Würfel hat sechs Flächen. Zwei Flächen bilden immer eine Kante, also hat ein Würfel 12 Kanten.	☐	☐
d) Beim Quader stoßen an einer Ecke immer drei Kanten zusammen. Da er 8 Ecken hat, hat er auch 24 Kanten.	☐	☐
e) Beim Quader stoßen an einer Ecke bis zu drei verschieden lange Kanten zusammen.	☐	☐

8 Ein zusammengesetzter Körper besteht aus einem Würfel und einem Quader. Vervollständige das Schrägbild des zusammengesetzten Körpers.

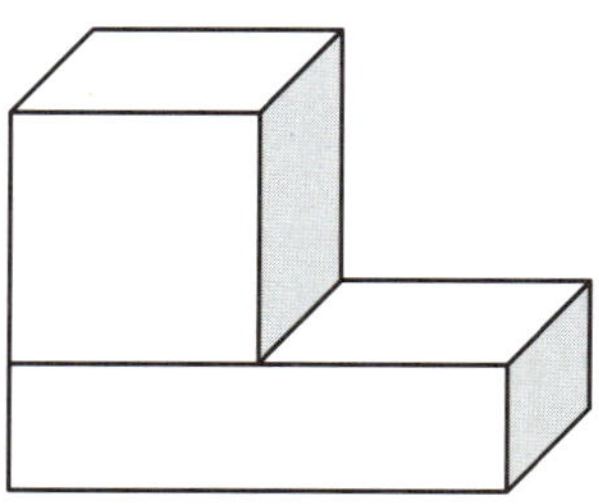

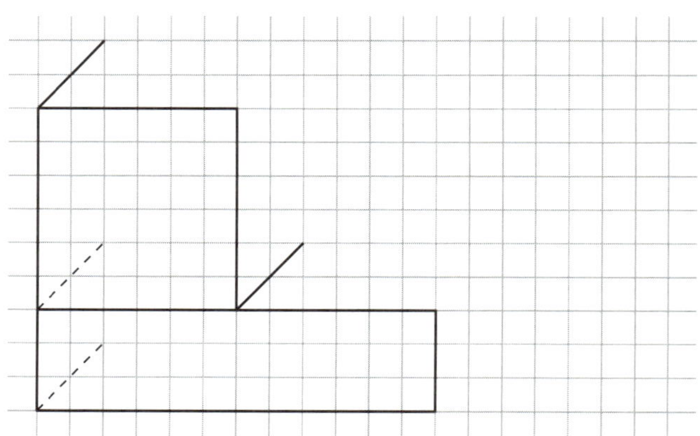

Wo stehe ich?

Ich kann …	So schätze ich mich selbst ein:	Meine Testergebnisse:
1 Maßeinheiten Größen zuordnen.	☺ 😐 ☹	☺ 😐 ☹
2 Größen abschätzen und Größenangaben Sachsituationen zuordnen.	☺ 😐 ☹	☺ 😐 ☹
3 Geldangaben umwandeln und mit ihnen rechnen.	☺ 😐 ☹	☺ 😐 ☹
4 Zeiteinheiten umwandeln.	☺ 😐 ☹	☺ 😐 ☹
5 Zeitspannen berechnen.	☺ 😐 ☹	☺ 😐 ☹
6 Gewichtsangaben umwandeln und mit ihnen rechnen.	☺ 😐 ☹	☺ 😐 ☹
7 Längenangaben umwandeln und mit ihnen rechnen.	☺ 😐 ☹	☺ 😐 ☹
8 Maßstäbe bestimmen und Maßstäbe nutzen.	☺ 😐 ☹	☺ 😐 ☹
9 Sachaufgaben lösen.	☺ 😐 ☹	☺ 😐 ☹

Test zur Überprüfung deiner Selbsteinschätzung

1 Färbe die Größe und die dazu passenden Maßeinheiten gleich ein.

☺ 😐 ☹

Tonne (t) | Gramm (g) | Kilometer (km) | Sekunde (s) | Kilogramm (kg) | Cent (ct) | Euro (€) | **Geld** | **Länge** | **Gewicht** | **Zeit** | Stunde (h) | Zentimeter (cm) | Dezimeter (dm) | Millimeter (mm) | Minute (min)

2 Welche Maßangabe passt zu der Abbildung? Schreibe in die Kästchen.

☺ 😐 ☹

Ich übe nochmal:
→ Seite 60 | Aufgabe 1

15 cm | 4 t | 50 m | 80 kg

3 Wandle in die angegebene Maßeinheit um.

☺ 😐 ☹

Ich übe nochmal:
→ Seite 57 | Aufgaben 1 und 2

a) 2 € + 30 ct = ______ ct b) 300 ct + 4,50 € = ______ €

c) 125 ct + 2 € 50 ct = ______ € d) 0,80 € + 9 ct = ______ ct

4 Wandle in die angegebene Einheit um.

☺ 😐 ☹

Ich übe nochmal:
→ Seite 58 | Aufgabe 3

a) 1 h = ______ min b) 1 min = ______ s c) 48 h = ______ d (Tage)

d) 180 min = ______ h e) $\frac{1}{2}$ h = ______ min e) 75 min = ______ h

5 Wie lange dauert die Fahrt? Trage ein.

Abfahrt	Ankunft	Fahrtdauer
07:00 Uhr	21:00 Uhr	
09:30 Uhr	11:00 Uhr	
10:45 Uhr	12:15 Uhr	
11:23 Uhr	13:42 Uhr	

Ich übe nochmal:
→ Seite 58 | Aufgabe 5
→ Seite 59 | Aufgabe 8

6 Wandle in die angegebene Einheit um und berechne.

a) 1 t = ____________ kg b) 1 kg = ____________ g

c) 2 kg + 600 g = ____________ g d) 900 g + 4,2 kg = ____________ kg

e) 0,2 t + 150 kg + 2000 g = ____________ kg f) 5000 g + 250 kg = ____________ t

Ich übe nochmal:
→ Seite 60 | Aufgaben 3 und 4

7 Wandle in die angegebene Einheit um und berechne.

a) 1 km = ____________ m b) 1 m = ____________ cm

c) 10 cm + 8 mm = ____________ mm d) 6 dm + 2 cm + 80 mm = ____________ cm

e) 250 mm + 3,5 dm = ____________ cm f) 0,5 km + 110 m = ____________ m

Ich übe nochmal:
→ Seite 62 | Aufgaben 2 und 4

8 Wie lang ist die Strecke am See in Wirklichkeit?

a) Länge: ____________ b) Länge: ____________

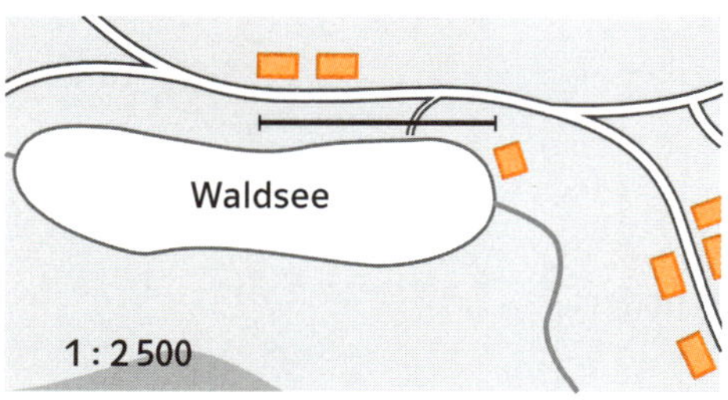

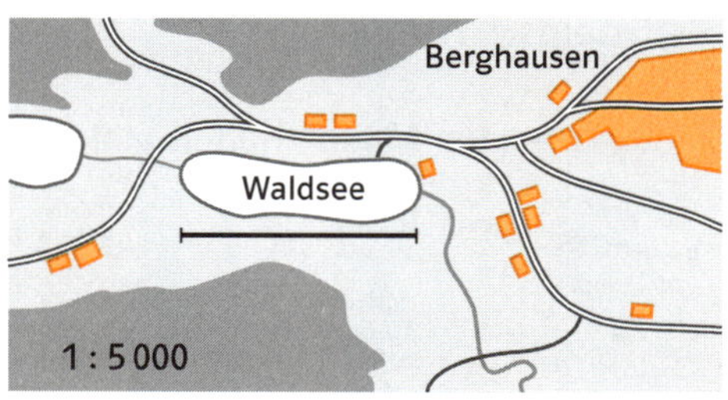

Ich übe nochmal:
→ Seite 63 | Aufgaben 1 und 2

c) Welcher Maßstab passt? Frankfurt ist von Prag rund 410 km entfernt (Luftlinie).

☐ Maßstab 1 : 75 000 ☐ Maßstab 1 : 7 500 000 ☐ Maßstab 1 : 300 000

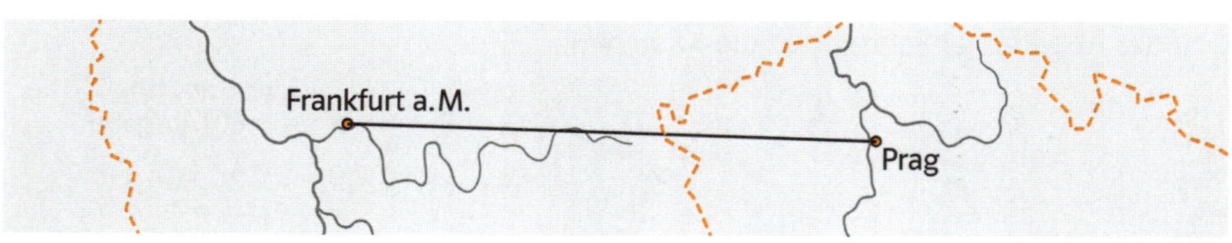

9 Zu seinem 14. Geburtstag lädt Simon fünf Freunde ins Hallenbad ein. Drei Freunde sind älter als 14 Jahre. Simon zahlt mit einem 50-Euro-Schein. Wie viel Geld hat er noch übrig?

Eintrittspreise:
bis 14 Jahre: 3,00 €
ab 14 Jahre: 6,00 €

Simon hat noch ____________ übrig.

Ich übe nochmal:
→ Seite 57 | Aufgabe 4

1 Geldbeträge können unterschiedlich geschrieben werden. Fülle die Tabelle vollständig aus.

	in € und ct	in € (Kommaschreibweise)	in ct
a)	1€ 50ct	1,50€	150ct
b)		3,20€	
c)	7€ 35ct		
d)			416ct
e)		0,82€	
f)			6ct

2 Wandle zuerst alle Beträge in Cent (ct) um und berechne dann die Summe.

a) 4,50€ + 1,25€ + 1,45€ b) 10,15€ + 0,50€ + 6,05€ c) 0,47€ + 0,09€ + 3,00€ + 0,05€

3 Berechne. Achte darauf, dass du stellengerecht untereinander schreibst.

a) 2,50€ + 0,25€ + 1,75€ b) 8,05€ + 0,50€ + 2,39€ c) 7,00€ + 0,09€ + 0,20€

4 Lisa soll eine Packung Butter, ein Glas Marmelade und drei Packungen Zucker einkaufen. Ihre Mutter gibt ihr einen 10-€-Schein zum Bezahlen mit.

Überschlag:

Zucker 1,30 €
Marmelade ...
...

a) Mache einen Überschlag, ob das Geld reicht.

____

b) Berechne den genauen Preis für den Einkauf.

Der Einkauf kostet ______________________.

c) Welche Münzen kann Lisa als Rückgeld erhalten?

Lisa kann ______________________________

______________________________.

1 Färbe gleiche Zeitspannen mit der gleichen Farbe.

12 h | 3 d | 270 s | 3600 s | 9 min | 720 min | 72 h | 0,5 d | 60 min | 4,5 min | 1 h | 540 s

Info:
So kürzt man Zeiteinheiten ab:

Sekunde – s
Minute – min
Stunde – h
Tag – d
Jahr – a

2 Ordne den Sachen die passenden Zeitspannen zu. Verbinde.

1 Musiktitel | 200 km Autofahren | 1 km Wandern | 1 Schulvormittag

5 h | 3 min 40 s | 14 min | 2 h 45 min

Tipp:
Achte auf den Unterschied zwischen Zeitspanne und Zeitpunkt.

3 Wandle in die angegebene Zeiteinheit um.

a) 120 min = ______ h b) 1,5 h = ______ min
c) 12 min = ______ s d) 2 d = ______ h
e) 660 s = ______ min f) 72 h = ______ d
g) 30 s = ______ min h) 2 h = ______ s

Info:
1 d = 24 h
1 h = 60 min
1 min = 60 s

4 Schreibe wie im Beispiel:

Beispiel: 200 s = 3 min 20 s

a) 100 s = ______ min ______ s b) 85 min = ______ h ______ min
c) 70 s = ______ min ______ s d) 310 min = ______ h ______ min
e) 25 h = ______ d ______ h f) 425 s = ______ min ______ s
g) 100 h = ______ d ______ h h) 1000 min = ______ h ______ min

5 Wie viel Zeit ist vergangen? Trage auf den Pfeilen ein.

a) 08:00 Uhr —☐ min→ 08:37 Uhr b) 09:12 Uhr —☐ min→ 09:58 Uhr
c) 10:45 Uhr —☐ min→ 12:32 Uhr d) 06:11 Uhr —☐ h ☐ min→ 14:05 Uhr

6 Wie viel fehlt bis zur nächstgrößeren Einheit?

a) 55 s: ______ b) 40 min: ______ c) 20 h: ______
d) 17 min: ______ e) 18 h: ______ f) 8 s: ______

7 Wie lange dauert es …

a) … bis zur nächsten Mathematikstunde? ______
b) … bis zu deinem nächsten Geburtstag? ______

8 Wie viel Zeit ist zwischen der oberen und der unteren Uhrzeit vergangen?

a) 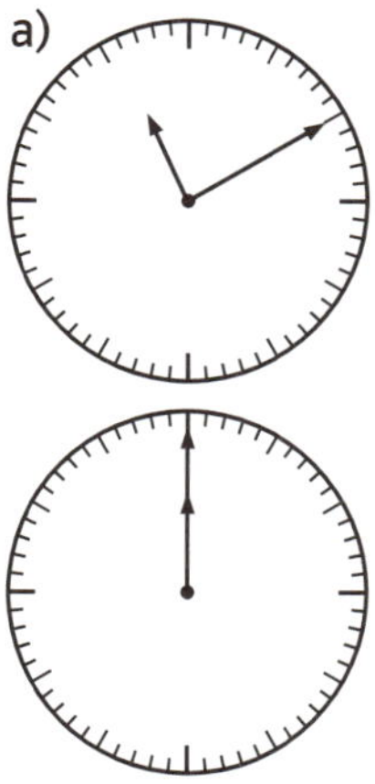

______ min

b) 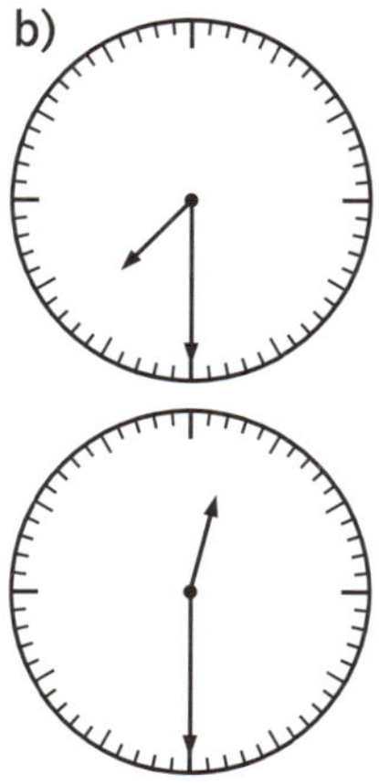

___ h ___ min

c) 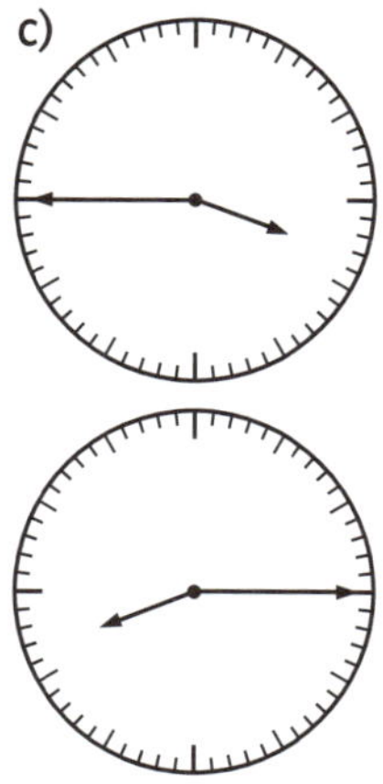

___ h ___ min

d) 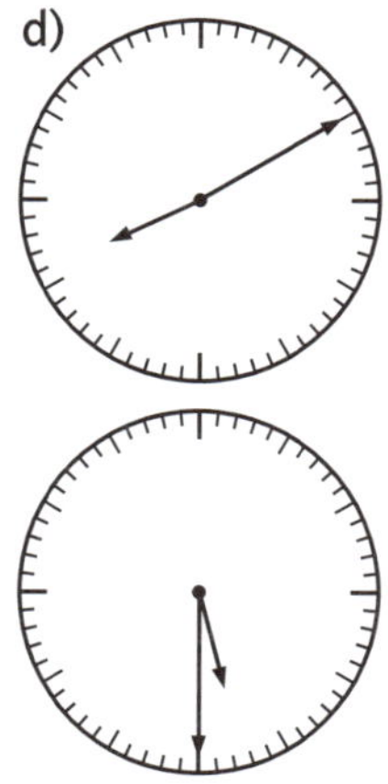

___ h ___ min

e) 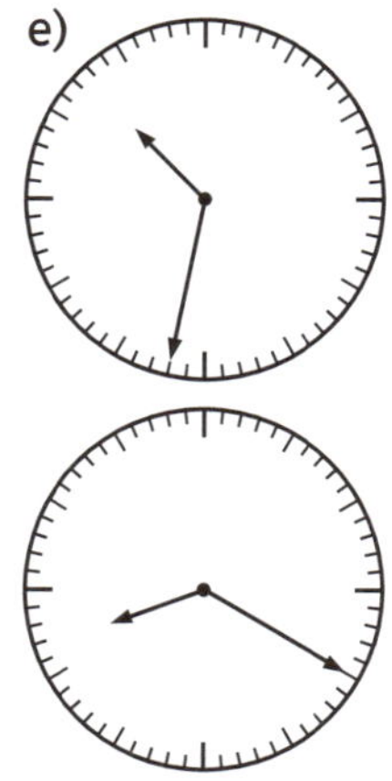

___ h ___ min

9 Wie alt wurden Albert Einstein und Konrad Adenauer?

geboren 1879
gestorben 1955

geboren 1876
gestorben 1967

10 Von fünf Kindern einer Klasse ist das Geburtsdatum angegeben.

a) Sortiere die Kinder nach dem Alter. Beginne mit dem jüngsten.

Celina	Leander	Kim	Niklas	Sarah
08.03.2002	12.06.2002	09.12.2002	21.06.2001	12.09.2001

b) Wie viele Monate und Tage liegen zwischen dem Geburtsdatum des ältesten und des jüngsten Kindes?

11 a) Wie lange dauert eine Fahrt vom „Hummelberg" nach „Schützingen Große Gasse"? ______

b) Dauert diese Fahrt bei allen Verbindungen immer gleich lang?

R5/S5 von Bietigheim/Stgt an	*5:22*	*6:22*	*7:22*	*7:51*	*8:49*	*9:46*
VERKEHRSHINWEIS			S			
Vaihingen Bahnhof HP 3 B	5:30	6:30	7:30	8:00	9:00	10:00
Illingen Waldstraße	5:33	6:33	7:33	8:03	9:03	10:03
– Hummelberg	5:34	6:34	7:34	8:04	9:04	10:04
– Uhlandstraße	5:36	6:36	7:36	8:06	9:06	10:06
– Schule	|	|	|	|	|	|
R5/S5 von Mühlacker an			*7:29*	*8:00*	*9:04*	*10:00*
– Bahnhof	5:38	6:38	7:38	8:08	9:08	10:08
– Schützinger Straße	5:40	6:40	7:40	8:10	9:10	10:10
Schützingen Große Gasse	5:46	6:46	7:46	8:16	9:16	10:16

1 Welche Gewichtsangaben passen zu den Gegenständen? Verbinde.

0,5 kg

1,4 t

100 g

250 kg

2 Die Umrechnungszahl bei Gewichtseinheiten ist 1000. Ergänze.

1 t = 1000 ____ kg

________ kg = ________ g

________ g = ________ mg

3 In den Kästchen sind Gewichtsangaben in anderen Einheiten. Ordne zu. Die Kontrollbuchstaben ergeben ein Lösungswort.

Gewichtsangabe	1 t	500 g	2 g	3 kg	1250 g	1,5 kg	4 t	8,5 t	0,04 kg	880 mg
Lösungsbuchstabe										

0,5 kg | E

1500 g | W

0,88 g | E

8500 kg | A

40 g | G

1000 kg | F

3000 g | E

2000 mg | D

4 000 000 g | A

1,25 kg | R

4 Wandle in die angegebene Einheit um.

a) 2 kg = ________ g

b) 12 t = ________ kg

c) 7 g = ________ mg

d) 2500 g = ________ kg

e) 900 kg = ________ t

f) 250 mg = ________ g

g) 1 kg = ________ mg

h) 0,6 kg = ________ g

i) 0,05 t = ________ kg

j) 0,003 g = ________ mg

5 a) Fülle die Tabelle vollständig aus.

Tonnen	Kilogramm	Gramm	Milligramm
	4 kg		4 000 000 mg
0,000 15 t		150 g	
0,000 009 t			9 000 mg
0,000 635 t	0,635 kg		
		74 420 g	

b) Ergänze den Text mit Angaben aus der Tabelle sinnvoll.

Ein Feldhamster wiegt ________, eine Fledermaus ________,

eine Katze ________, ein Wildschwein ________

und eine Ameise ________.

Info:

5 kg

Maßzahl Maßeinheit

Info:

So kürzt man Gewichtseinheiten ab:

Tonne – t
Kilogramm – kg
Gramm – g
Milligramm – mg

6 Wandle in die angegebene Einheit um.

Beispiel: 2 kg 200 g = 2,2 kg

a) 1 kg 500 g = ________ kg
b) 3 t 100 kg = ________ t
c) 6 kg 250 g = ________ kg
d) 700 kg = ________ t
e) 2 t 50 kg = ________ t
f) 3 kg 5 g = ________ kg
g) 0,5 kg 122 g = ________ kg
h) 1 kg 400 g 600 mg = ________ g

7 Wandle die Summanden zunächst in eine Maßeinheit um und berechne dann.

a) 4 kg + 390 g + 1200 g
b) 123 g + 0,3 kg + 858 g
c) 2300 mg + 50 g + 0,75 kg

d) Gib die Ergebnisse der drei Teilaufgaben in kg an.

8 In einem Geldsack befinden sich 30 000 Münzen.

a) Wie viel wiegt der Sack, wenn er mit 1-Cent-Münzen gefüllt ist?

b) Wie viel wiegt er, wenn es 2-€-Münzen sind?

Gib das Gewicht in einer sinnvollen Maßeinheit an.

1 Cent
Druchmesser: 16,25 mm
Dicke: 1,67 mm
Gewicht: 2,30 g

2 Euro
Druchmesser: 25,75 mm
Dicke: 2,20 mm
Gewicht: 8,50 g

9 Lisa und ihr Vater wiegen zusammen 100 000 g. Der Vater wiegt dreimal so viel wie Lisa. Wie viel wiegt Lisa, wie viel ihr Vater? Finde die Lösung durch Probieren.

1 Trage die fehlenden Angaben ein.

1 km = ________ m

1 m = ________ dm = ________ cm = ________ mm

1 dm = ________ cm = ________ mm

________ cm = 10 ________

Info:
So kürzt man Längeneinheiten ab:

Kilometer – km
Meter – m
Dezimeter – dm
Zentimeter – cm
Millimeter – mm

2 Wandle in die angegebene Maßeinheit um.

a) 3 km = ________ m b) 2 m = ________ cm c) 6 cm = ________ mm

d) 4 dm = ________ cm e) 1,1 m = ________ dm f) 3,9 m = ________ cm

g) 1 m = ________ mm h) 0,62 km = ________ m i) 2,05 m = ________ dm

3 Fülle die Lücken des Dominos mit Angaben in anderen Einheiten.

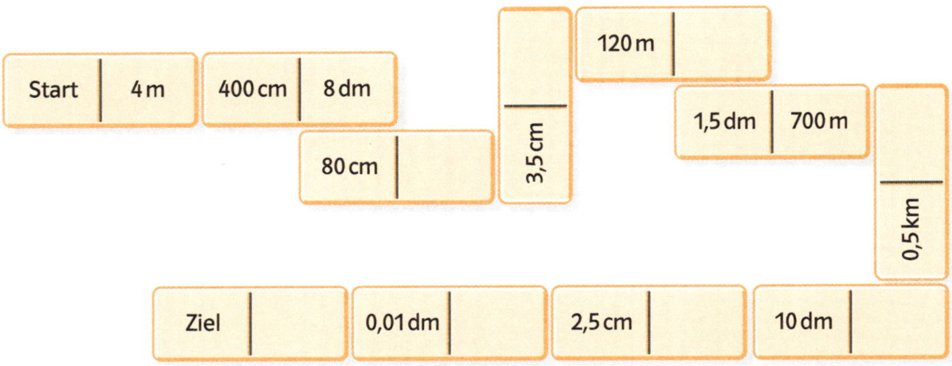

4 Vervollständige die Tabelle.

	gemischte Schreibweise	Kommaschreibweise
a)	4 m 2 dm	______ m
b)	______ km ______ m	3,1 km
c)	1 m 6 dm 7 cm	______ m
d)	1 km 260 m	______ km
e)	3 m 12 dm 8 cm	______ m
f)	______ m ______ dm ______ cm ______ mm	5,238 m

5 Berechne im Kopf. Wandle zuvor in dieselbe Einheit um. Gib das Ergebnis in zwei verschiedenen Einheiten an.

a) 80 cm + 30 mm + 1 m = ________________ = ______ cm = ______ m

b) 75 mm + 3 dm + 18 cm = ________________ = ______ cm = ______ m

c) 2,5 m + 12 cm + 5 dm = ________________ = ______ cm = ______ m

d) 0,4 m + 3,5 dm + 8 cm = ________________ = ______ cm = ______ m

e) 33 cm + 0,05 m + 50 cm = ________________ = ______ cm = ______ m

f) 5,0 dm + 500 mm + 0,5 m = ________________ = ______ cm = ______ m

1 Was bedeuten die Maßstabsangaben? Fülle wie im Beispiel aus.

Maßstab 1 : 50 000 – 1 cm auf der Karte entsprechen 50 000 cm in Wirklichkeit. Das sind 500 m.

Maßstab 1 : 100 000 ______________________________

____

Maßstab 1 : 200 000 ______________________________

____

Tipp:
Der Maßstab gibt an, wievielmal größer eine Strecke in Wirklichkeit ist, als sie auf der Karte zu sehen ist.

Maßstab 1 : 10 000 bedeutet: 1 cm auf der Karte entsprechen 10 000 cm in Wirklichkeit.

2 Vervollständige die Tabelle.

Maßstab		1 : 10	1 : 5	1 : 2	1 : 4
Länge in der Zeichnung		2 cm	10 cm	6 dm	25 mm
Länge in der Wirklichkeit	mm				
	cm				
	dm				
	m				

3 Verschiedene Strecken wurden in Wirklichkeit und auf einer Karte gemessen. Welche Maßstäbe passen? Verbinde.

	Länge auf der Karte	Länge in Wirklichkeit
a)	1 cm	5000 cm
b)	1 cm	300 m
c)	10 cm	1000 m
d)	20 cm	10 km

1 : 50 000

1 : 5000

1 : 30 000

1 : 10 000

4 Herr Müller sucht eine Wohnung. Er möchte höchstens 20 km Luftlinie von seinem Arbeitsplatz in Leonberg entfernt wohnen. Seine Karte hat den Maßstab 1 : 1 000 000.

a) Gib drei Städte an, die weniger als 20 km entfernt sind. ______________________________

____

____

b) Gib drei Städte an, die weiter als 20 km entfernt sind. ______________________________

____

____

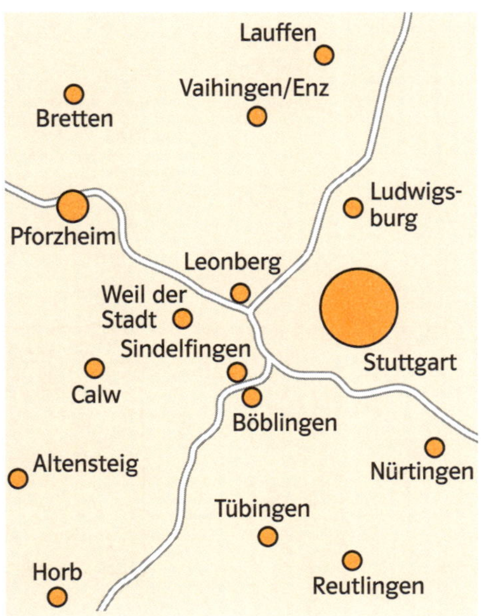

1 In den weißen Kästen stehen drei Aufgaben. In den grauen Kästen sind dazu passende Fragen und in den orangen Kästen findest du Lösungsvorschläge.
Kennzeichne die Aufgaben, Fragen und Lösungen, die zusammen passen, mit derselben Nummer.
Markiere in den orangen Kästen die richtige Lösung.

☐ Papier wird oft in Packungen zu 500 Blatt verkauft. Eine solche Packung ist 4,5 cm hoch.

☐ 20 €
13,8 €
4,20 €

☐ Wie viel Porto bezahlt man für zwölf Briefe à 15 g und acht Briefe à 30 g?

☐ 90 m
450 m
180 m

☐ Papier wird oft in Packungen zu 500 Blatt verkauft. Eine solche Packung wiegt ca. 2,5 kg.

☐ Portogebühren für Briefe:
bis 20 g Gewicht: 0,55 €
ab 20 g Gewicht: 0,90 €

☐ Wie hoch wäre ein Turm aus 1 000 000 DIN-A4-Blättern?

☐ Wie schwer wäre ein Turm aus 100 000 DIN-A4-Blättern?

☐ 5 t 500 kg 2500 kg

2 Wie viel Euro kostet ein zehntägiger Urlaub im Hotel Morgenrot mit Halbpension für Familie Mayer (Vater, Mutter, Sohn 8 Jahre, Tochter 13 Jahre alt)?

gegeben: ______________________

gesucht: ______________________

Hotel Morgenrot
Preis pro Person und Tag (inklusive Halbpension):
bis 7 Tage: 89,00 €
ab 8 Tagen: 79,00 €
Kinder bis 12 Jahre zahlen die Hälfte.

Rechnungen

Ergebnissatz: ______________________

3 Wie viel Euro kosten die Zutaten für das Rezept?

Erdbeershake:
(für 4 Personen)

500 g Erdbeeren
1,2 l Milch
50 g Zucker

Das habe ich gelernt.

1 Markiere die Maßangabe, die nicht zu den anderen passt.

a) 20 dm; 200 cm; 0,02 km; 2000 mm; 0,2 m

b) 1 500 000 mg; 1,5 kg; 1 kg 500 g; 0,150 t; 1500 g

c) 13 € 8 ct; 13,80 €; 13,08 €; 1308 ct

d) 4320 min; 3 d; 259 200 s; 72 h

2 In dem Text sind einige Angaben durcheinander gekommen. Setze sie unten richtig ein.

Wir fuhren um 10:50 Uhr los und mussten bereits um 13:20 Uhr zum ersten Mal anhalten, um zu tanken. Danach dauerte es 180 Minuten bis wir um 07:20 Uhr die erste Vesperpause machten. Nach 20 Minuten fuhren wir weiter. Nach insgesamt 6 Stunden waren wir dann endlich gegen 07:50 Uhr an unserem Ziel angekommen.

Wir fuhren um ____________ los und mussten bereits um ____________ zum ersten Mal anhalten, um zu tanken. Danach dauerte es ____________ bis wir um ____________ die erste Vesperpause machten. Nach ____________ fuhren wir weiter. Nach insgesamt ____________ waren wir dann endlich gegen ____________ an unserem Ziel angekommen.

3 Welche Behauptungen passen zu dem Bild?

	richtig	falsch
a) Die eingezeichnete Strecke ist in Wirklichkeit 100 km lang.	☐	☐
b) 1 cm auf der Karte entsprechen 50 km in der Wirklichkeit.	☐	☐
c) 500 km in Wirklichkeit entsprechen 10 cm auf der Karte.	☐	☐
d) Stuttgart und Freiburg sind in Wirklichkeit ca. 400 km voneinander entfernt.	☐	☐

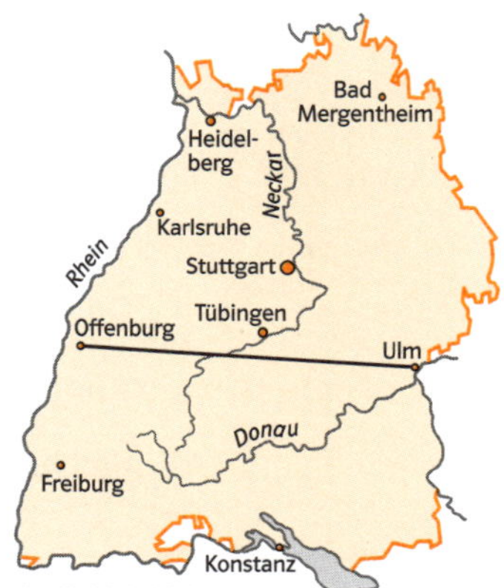

1 : 5 000 000

Verbessere die beiden falschen Behauptungen.

____

____

4 Lara hat von ihrem Lehrer einen Lösungsplan für Sachaufgaben bekommen. Der Plan hat sechs Schritte. Leider sind ihr die sechs Merkzettel durcheinander geraten. Bringe sie in die richtige Reihenfolge. Nummeriere sie.

- ☐ Erstelle einen Plan über die Reihenfolge der Rechenschritte.
- ☐ Entnimm Informationen über gegebene und gesuchte Größen.
- ☐ Schätze das Ergebnis mit einem Überschlag ab.
- ☐ Führe die Rechenschritte durch.
- ☐ Vergleiche Ergebnis und Überschlag und formuliere einen Ergebnissatz.
- ☐ Lies zunächst die ganze Aufgabe sorgfältig durch.

Wo stehe ich?

Ich kann …	So schätze ich mich selbst ein:	Meine Test-ergebnisse:
1 Brüche im Alltag erkennen.	☺ 😐 ☹	☺ 😐 ☹
2 ein Ganzes gleichmäßig aufteilen.	☺ 😐 ☹	☺ 😐 ☹
3 Angaben zu Länge und Gewicht sowie Hohlmaße in größere oder kleinere Einheiten umrechnen.	☺ 😐 ☹	☺ 😐 ☹
4 Längenangaben, Hohlmaße und Gewichtsangaben in Kommaschreibweise angeben.	☺ 😐 ☹	☺ 😐 ☹

Test zur Überprüfung deiner Selbsteinschätzung

1 Welche Begriffe und Maßzahlen passen zu den Bildern? Ordne zu.

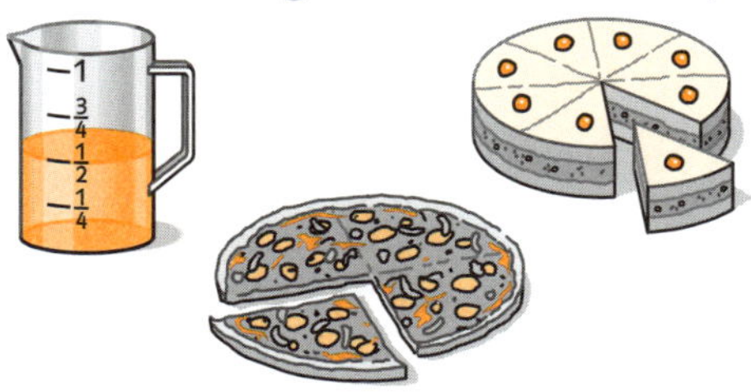

ein Viertel

$\frac{1}{2}$

ein Achtel

$\frac{1}{8}$

$\frac{1}{4}$

ein Halb

☺ 😐 ☹
Ich übe nochmal:
→ Seite 71 | Aufgabe 4

2 Teile die Figuren in die angegebene Anzahl von gleichen Teilen auf.

a) 4 gleiche Teile b) 8 gleiche Teile c) 6 gleiche Teile d) 5 gleiche Teile

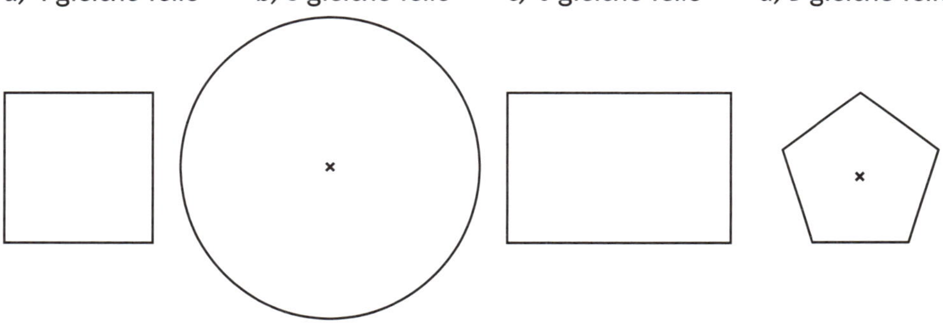

☺ 😐 ☹
Ich übe nochmal:
→ Seite 67 | Aufgabe 4
→ Seite 68 | Aufgabe 6

3 Wandle in die angegebene Maßeinheit um.

a) 1 kg = ________ g b) 1 t = ________ kg c) 0,5 l = ________ ml

d) 800 kg = ________ t e) 0,9 m = ________ cm f) 1,2 km = ________ m

g) 0,3 l = ________ ml h) 25 cm = ________ dm i) 3,7 cm = ________ mm

j) 850 g = ________ kg k) 3250 ml = ________ l l) 500 mm = ________ m

☺ 😐 ☹
Ich übe nochmal:
→ Seite 72 | Aufgabe 3

4 Gib die Größe in Kommaschreibweise an.

a) 1500 m = ________ km b) 2100 ml = ________ l c) 75 cm = ________ m

d) 3400 g = ________ kg e) 1250 g = ________ kg f) 5 cm = ________ m

☺ 😐 ☹
Ich übe nochmal:
→ Seite 72 | Aufgaben 1 und 2

1 Fülle die Tabelle wie im Beispiel vollständig aus.

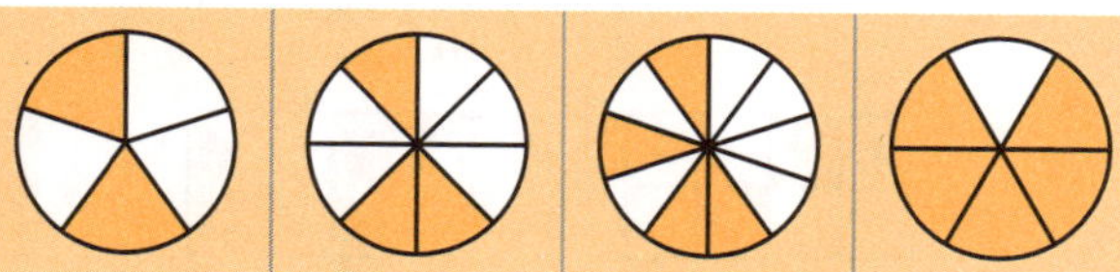

In wie viele gleiche Teile ist der Kreis aufgeteilt?	5			
Wie viele dieser Teile sind markiert?	2			
Schreibe den markierten Anteil als Bruch.	$\frac{2}{5}$			

Tipp:
Den Bruch $\frac{3}{5}$ erhältst du so:

Teile das Ganze in 5 gleich große Teile.

Wähle 3 Teile aus.

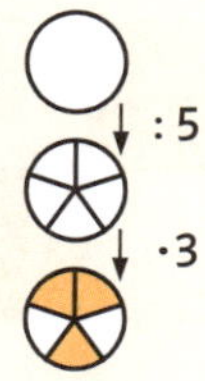

2 David hat ein DIN-A4-Blatt zweimal gefaltet. Danach hat er es wieder auseinandergefaltet. Jetzt ist es in vier gleich große Flächen aufgeteilt. Er malt eine dieser Flächen an und behauptet: „Jetzt habe ich zwei Bruchbilder, eins für $\frac{1}{4}$ und eins für $\frac{3}{4}$."
Nimm ein Blatt Papier und stelle eigene Bruchbilder her, indem du das Papier in gleiche Teile faltest. Markiere einen oder mehrere dieser Teile farbig.

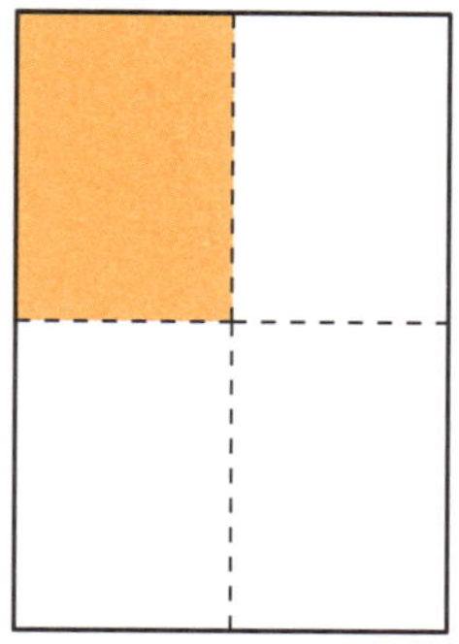

a) $\frac{1}{8}$ und $\frac{7}{8}$ b) $\frac{1}{3}$ und $\frac{2}{3}$ c) $\frac{3}{8}$ und $\frac{5}{8}$ d) $\frac{2}{6}$ und $\frac{2}{3}$

3 Gib den gefärbten Anteil als Bruch an.

a) b) c) d) e) f)

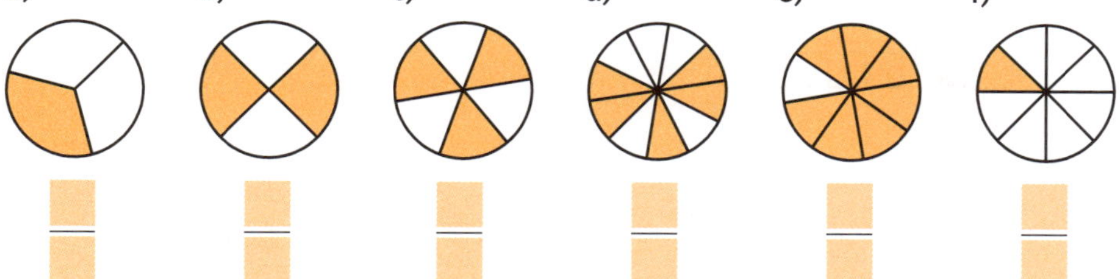

Info:
2 ⟵ Zähler
— ⟵ Bruchstrich
3 ⟵ Nenner
Lies: zwei Drittel

4 Stelle die Brüche mithilfe der Kreise dar.

a) Suche jeweils einen geeigneten Kreis aus und färbe den Anteil, der durch den Bruch ausgedrückt wird.

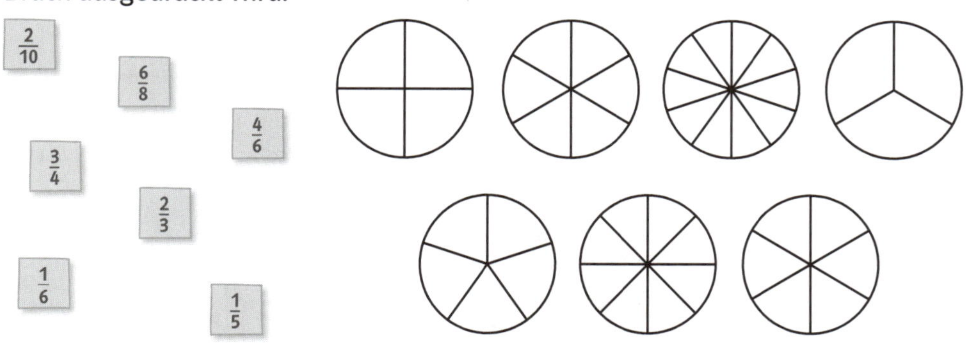

b) Vergleiche die Anteile. Welche Bilder stellen denselben Anteil dar?

_______ und _______ ; _______ und _______ ;

_______ und _______

Tipp:
Hier ist beide Male die Hälfte des Kreises gefärbt.

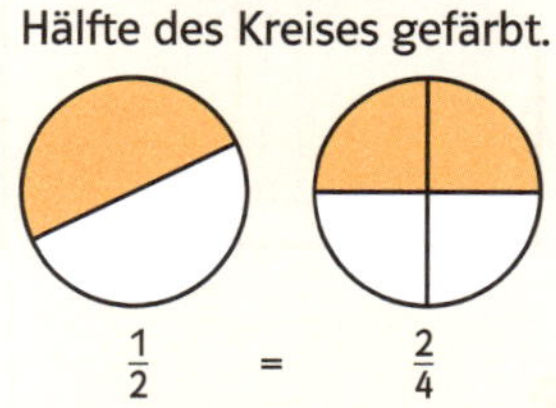

5 Gib die gefärbten Anteile als Bruch an.

a) 

b) 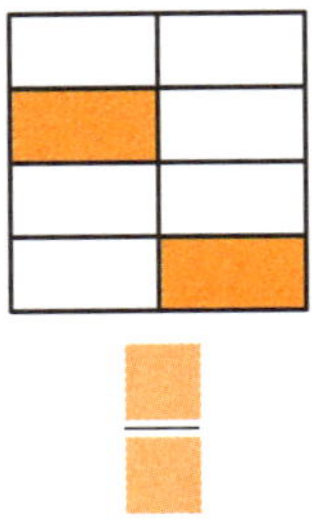

c) 

d) 

e) 

f) 

6 Färbe jeweils $\frac{3}{4}$ der Figur ein.

a) 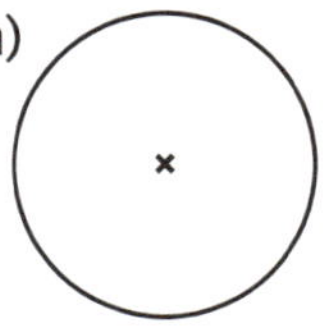

b) 

c) 

d) 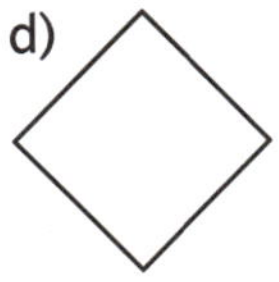

e) 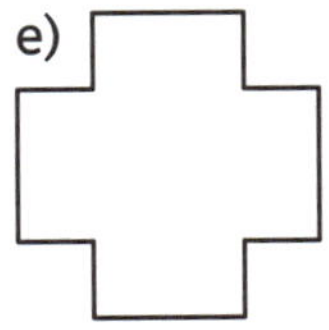

7 Gib den Anteil der gefärbten Würfel als Bruch an.

a) 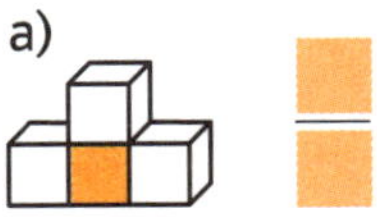

b) 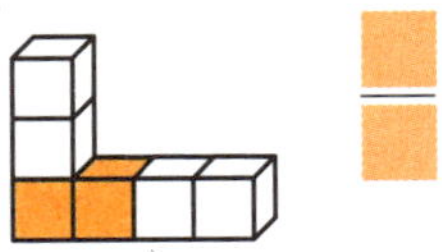

c) 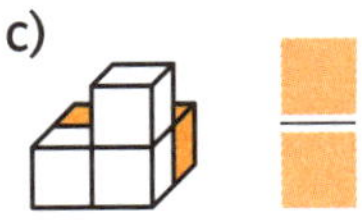

d) 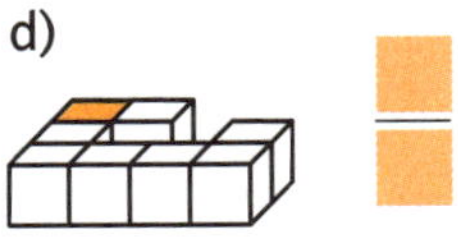

e) 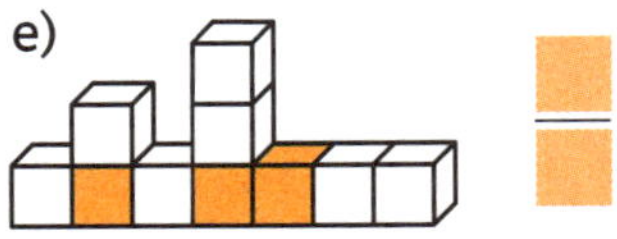

f) 

8 Färbe den angegebenen Bruchteil ein.

a) $\frac{9}{24}$ 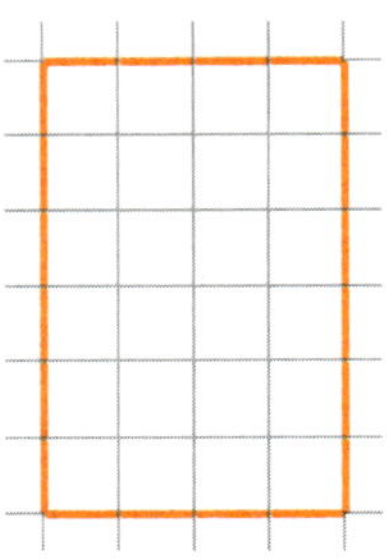

b) $\frac{1}{3}$ 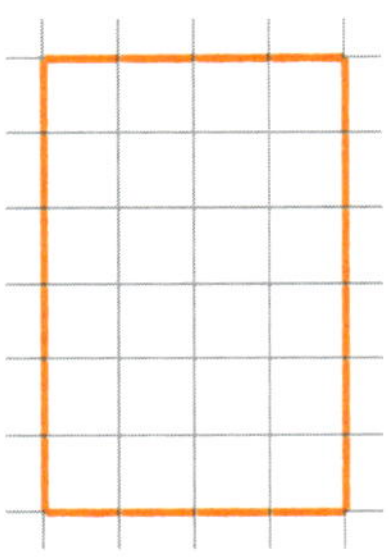

c) $\frac{3}{4}$ 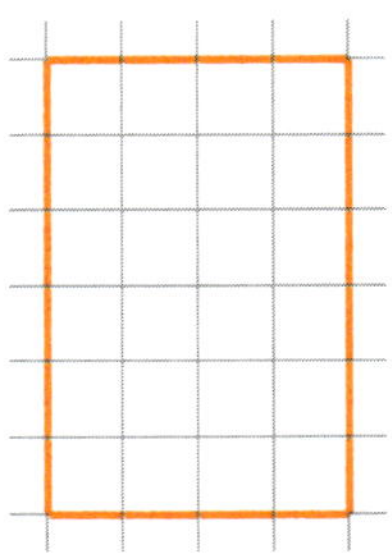

d) $\frac{5}{6}$ 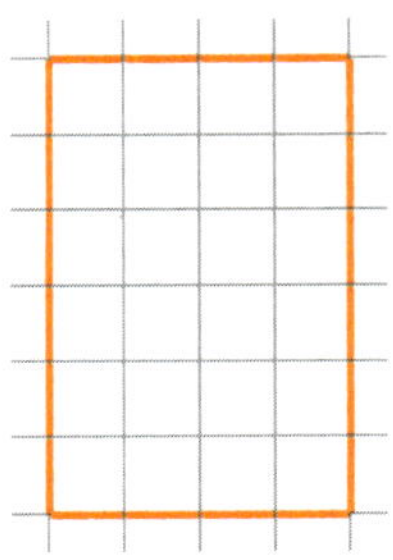

e) $\frac{5}{12}$ 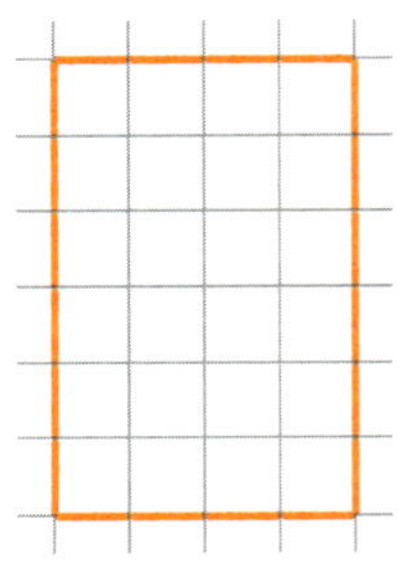

9 Welche Darstellungen zeigen denselben Anteil? Markiere sie mit derselben Farbe und gib den Anteil als Bruch an.

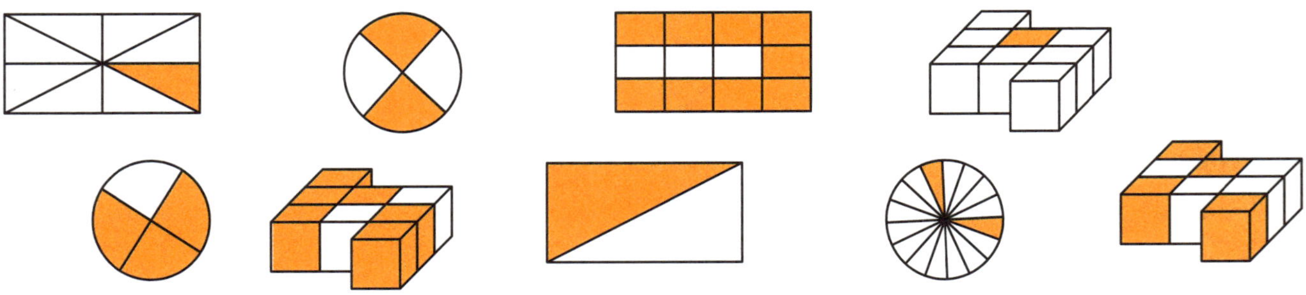

rot: ______________________ blau: ______________________ grün: ______________________

10 a) Zeichne eine 6 cm lange Strecke und markiere $\frac{5}{6}$.

b) Zeichne eine 5 cm lange Strecke und markiere $\frac{1}{10}$.

c) Zeichne eine 9 cm lange Strecke und markiere $\frac{1}{3}$.

d) Zeichne eine 9 cm lange Strecke und markiere $\frac{2}{6}$.

11 Drei Darstellungen stellen denselben Bruch dar. Welcher Bruch wird dargestellt? Streiche die nicht dazugehörige Darstellung durch.

a)

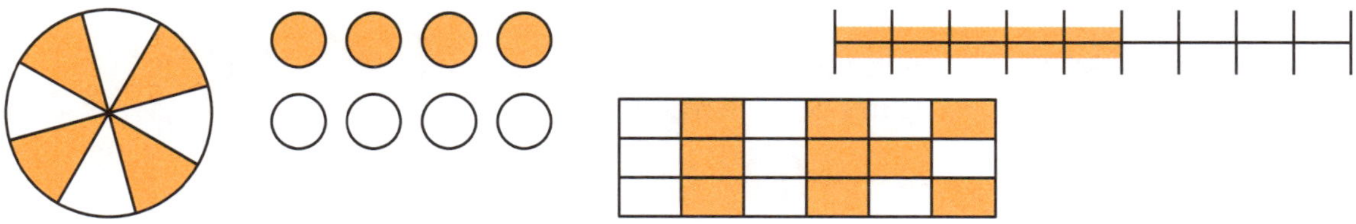

b)

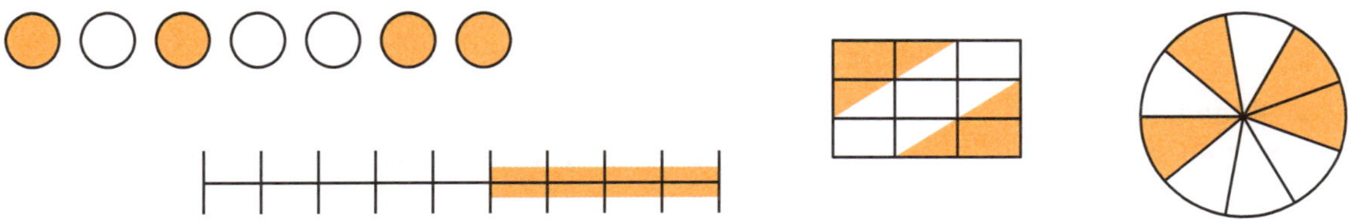

c)

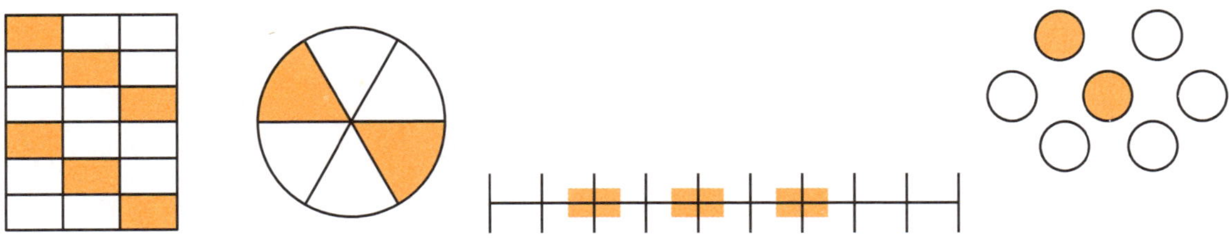

d)

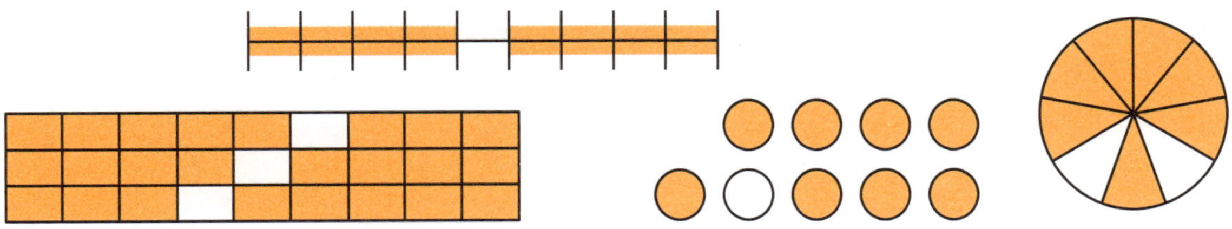

e)

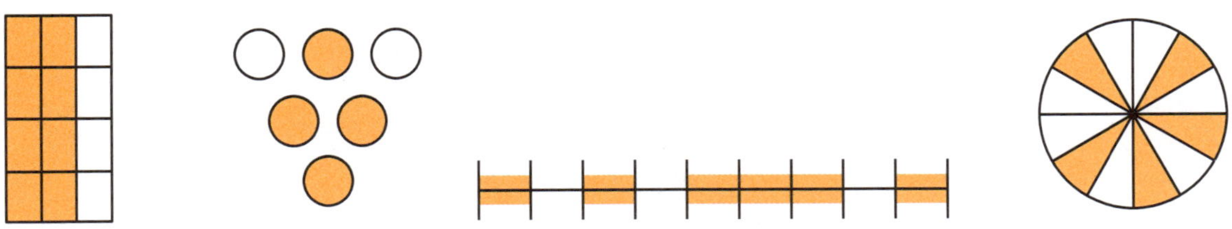

12 a) Suche dir für jeden Bruch ein geeignetes Rechteck aus und markiere den Bruchanteil.

$\frac{5}{8}$ $\frac{1}{6}$ $\frac{2}{3}$ $\frac{1}{5}$ $\frac{1}{10}$ $\frac{1}{2}$ $\frac{2}{5}$ $\frac{3}{4}$

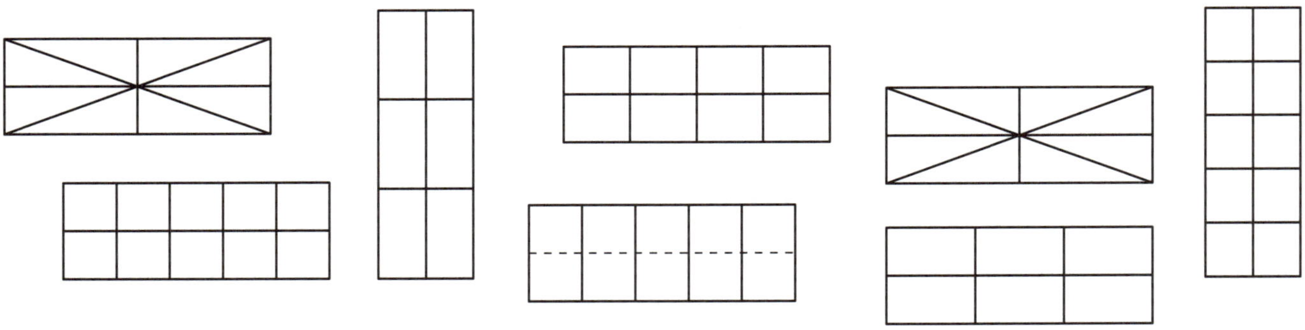

b) Vergleiche die Größe der Anteile und ordne die Brüche der Größe nach. Beginne mit dem kleinsten.

___ < ___ < ___ < ___ < ___ < ___ < ___ < ___

c) Was ist größer: $\frac{1}{3}$ oder $\frac{1}{4}$? Begründe.

13 Anna teilt sich mit ihren drei Freundinnen eine Pizza. Dazu wird die Pizza in gleich große Stücke aufgeschnitten. Anna bekommt drei Stücke, Maria und Selyma jeweils zwei Stücke. Hanna bekommt so viel wie Maria und Anna zusammen.

a) Wie viele gleich große Stücke sind es? ________

b) Zeichne die Aufteilung der Pizza in den Kreis ein.

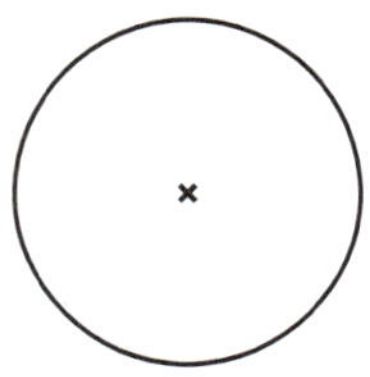

c) Gib die Anteile der vier Mädchen als Bruch an.

Anna: ___; Maria: ___; Selyma: ___; Hanna: ___

14 Male passende Darstellungen zu der Geschichte.

Jonas hat fünf Freunde zu seinem Geburtstag eingeladen. Seine Mutter hat zwei Kuchen gebacken. Bis auf drei Stücke wird der Kuchen aufgegessen. Sie trinken zwei der drei Orangensaftflaschen. Mittags spielen sie im Garten. Abends essen sie drei Viertel der Pizza auf. Was für ein schöner Geburtstag!

1 Welche Maßeinheiten passen zusammen? Sortiere sie nach der Größe.

Zeit: ____________________

Gewicht: ____________________

Länge: ____________________

min | cm | m | g | h | t | mg | dm | mm | kg | km | s

2 Schreibe die Größenangaben ohne Brüche.

a) $\frac{1}{2}$kg = ____________ g b) $\frac{1}{4}$t = ____________ kg

c) $\frac{1}{5}$m = ____________ dm d) $\frac{1}{2}$h = ____________ min

e) $\frac{2}{5}$km = ____________ m f) $\frac{1}{4}$m = ____________ cm

g) $\frac{2}{5}$m = ____________ mm h) $\frac{1}{10}$dm = ____________ mm

i) $\frac{1}{50}$t = ____________ kg j) $\frac{3}{4}$h = ____________ min

Info:

1 t = 1000 kg
1 kg = 1000 g
1 h = 60 min
1 km = 1000 m
1 m = 10 dm
1 dm = 10 cm
1 cm = 10 mm
1 l = 1000 ml

3 Gib die Größenangabe als Bruch in der angegebenen Maßeinheit an.

a) 200 g = $\frac{\square}{\square}$ kg b) 250 kg = $\frac{\square}{\square}$ t c) 15 min = $\frac{\square}{\square}$ h d) 20 cm = $\frac{\square}{\square}$ m

e) 500 g = $\frac{\square}{\square}$ kg f) 750 m = $\frac{\square}{\square}$ km g) 50 cm = $\frac{\square}{\square}$ m h) 100 m = $\frac{\square}{\square}$ m

4 Um welche Bruchteile handelt es sich?

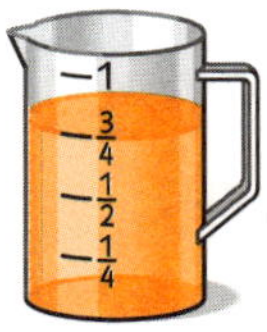

a) ___ l Saft

b) ___ m

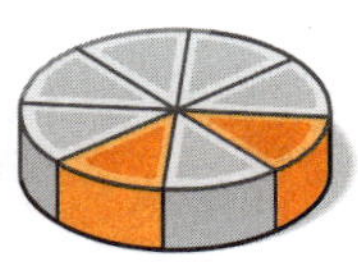

c) ___ Käse

d) ___ Hähnchen

5 Constanze möchte Mandarinentörtchen für eine Geburtstagsparty backen. Sie erwartet elf Gäste. In einem Backbuch findet sie ein Rezept.

Welche Mengen an Zutaten braucht Constanze insgesamt? Gib die Mengen in einer geeigneten Einheit an.

Mehl: ____________________

Wasser: ____________________

Orangensaft: ____________________

Zucker: ____________________

Butter: ____________________

Hefe: ____________________

Mandarinen: ____________________

Mandarinentörtchen

Rezept für 4 Personen:

- $\frac{1}{2}$kg Mehl
- 125 ml Wasser
- 200 ml Orangensaft
- $\frac{1}{5}$kg Zucker
- $\frac{1}{4}$kg Butter
- 1 Päckchen (20 g) Trockenhefe
- eine ganze und eine halbe Dose Mandarinen

1 Gib die Größenangaben in Kommaschreibweise an.

a) Längen:

$\frac{1}{5}$ km = ______ km   25 cm = ______ m   270 cm = ______ m   4 dm 5 cm = ______ m

300 m = ______ km   1500 m = ______ km $\frac{1}{2}$ km = ______ km   30 mm = ______ m

b) Gewichte:

$\frac{1}{4}$ kg = ______ kg   364 kg = ______ t $\frac{1}{8}$ kg = ______ kg   1 t 125 kg = ______ t

$\frac{3}{5}$ t = ______ t   2500 mg = ______ g   849 g = ______ kg   3 kg 5 g = ______ kg

2 Eine Personenwaage zeigt das Gewicht in kg mit einer Stelle hinter dem Komma an.

Was steht in der Anzeige?

a) 20 kg 300 g ______

b) 78 kg 700 g ______

c) 5500 g ______

d) 19 300 g ______

e) 53 kg ______

f) 200 g ______

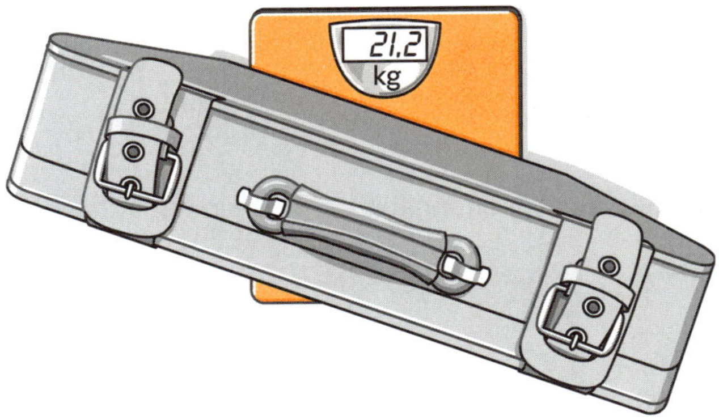

3 Jeweils drei Maßangaben bedeuten dasselbe. Färbe passende Angaben mit gleicher Farbe.

0,00135 t   1,35 kg   530 kg   1350 g   0,53 t

0,013 t   13 kg   350 g $\frac{35}{100}$ kg   0,35 kg   530 000 g   13 000 g

4 Welche Werte werden durch die Pfeile markiert?

a)

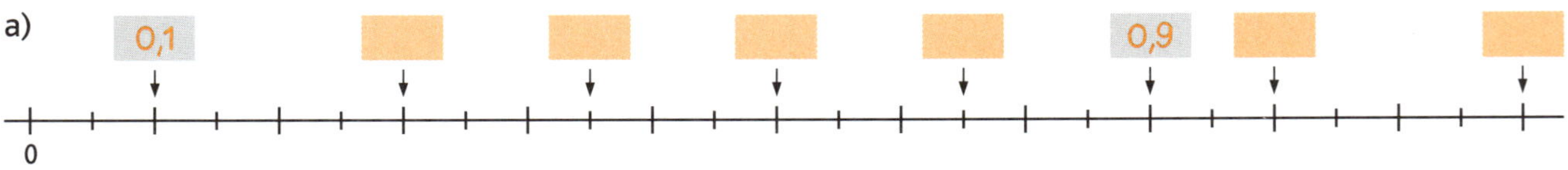

b)

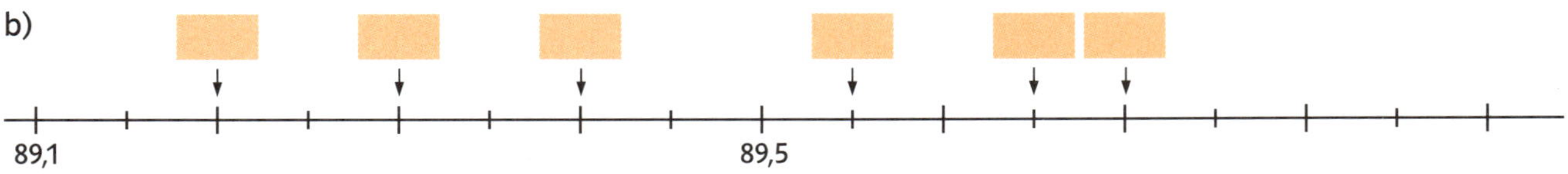

5 Ordne der Größe nach.

______ < ______ < ______ < ______ < ______ < ______ < ______

Schnittpunkt 5

Mathematik
Nordrhein-Westfalen

Grundlagen individuell fördern

Lösungsheft

1 Natürliche Zahlen

Selbsteinschätzung, Seite 4

1

a) Hund: 9
Katze: 6
Meerschweinchen: 4
Hamster: 5
andere: 2

b) 9 + 6 + 4 + 5 + 2 = 26

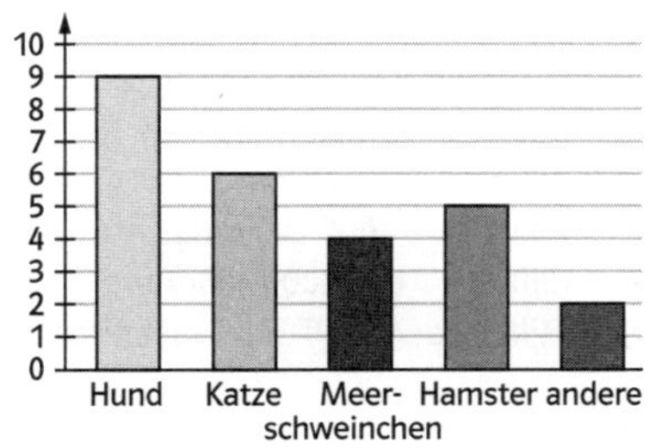

2

Hund: 卌 卌 I = 11
Katze: IIII = 4
Hamster: III = 3
Fische: II = 2
Wellensittich: 卌 II = 7

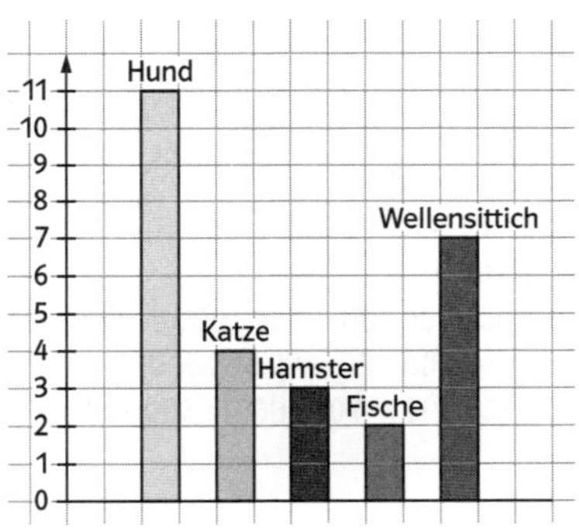

Selbsteinschätzung, Seite 5

3

a) und b)

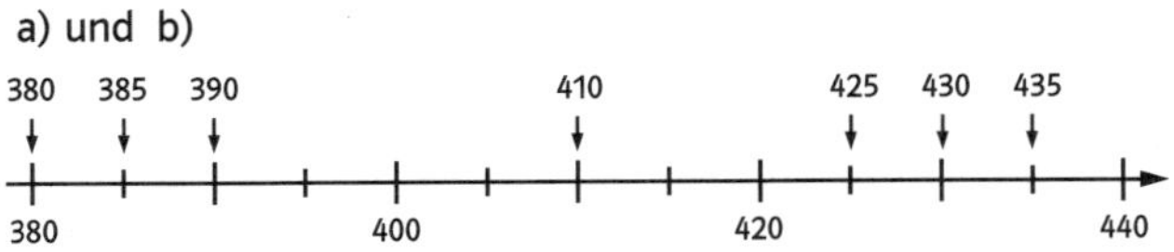

4

3294 < 3429 < 3924 < 4239 < 4392 < 4932

5

a)

T	H	Z	E
●●●●●●●	●●●●	●●●●●	●

7 Tausender + 4 Hunderter + 5 Zehner + 1 Einer = 7451

T	H	Z	E
●●●●●●●●●		●●●●●●●	●●●●●

9T + 0H + 7Z + 5E = 9075

ZT	T	H	Z	E
●●●●●			●●●	●

5ZT + 0T + 0H + 3Z + 1E = 50 031

b) 6T 4Z 5E 6045 8T 1Z 7E 8017 5T 9H 2Z 5920
8H 1Z 7E 817 6450

6

a) 28 953; 413 079
b) elftausendsiebenhundertfünfundachtzig;
sechshundertvierundfünfzigtausenddreihunderteinundzwanzig

7

a) 570 b) 8100 c) 75 000 d) 110 000

Strichlisten und Diagramme, Seite 6

1

a) Fußball: 28 Joggen: 22 Tennis: 17
Schwimmen: 31 Radfahren: 19 andere Sportarten: 12
b) 28 + 22 + 17 + 31 + 19 + 12 = 129

2

a)

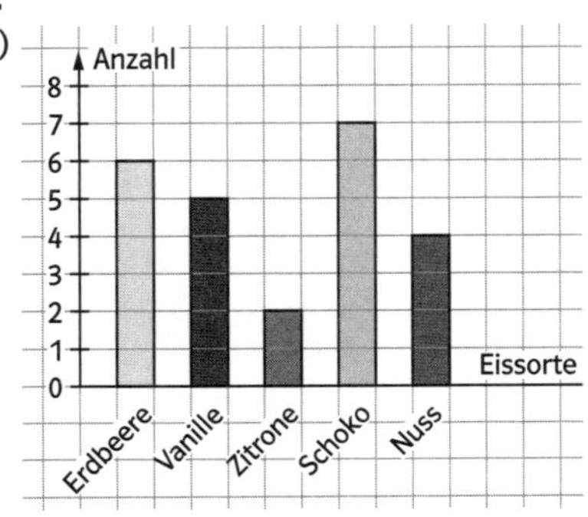

b) Die beliebteste Eissorte ist Schoko. Zitrone wird nur zweimal genannt.

3

a)

zu Fuß	60
Fahrrad	40
Bus	75
„Elterntaxi“	25

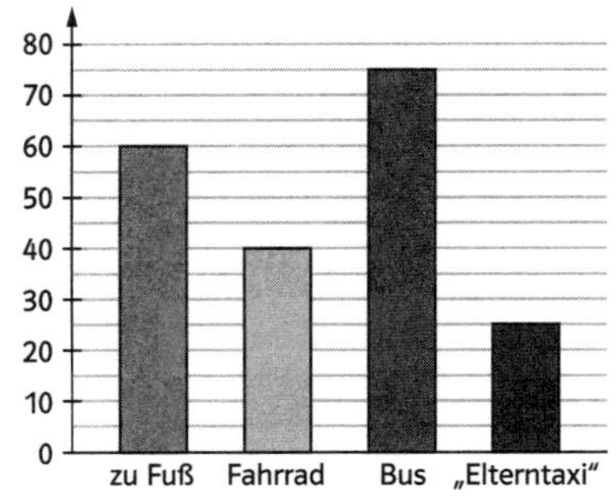

So erhältst du die Zahl für das „Elterntaxi“:
200 Fünft- und Sechstklässler – 60 zu Fuß – 40 Fahrrad – 75 Bus = 25 „Elterntaxi“.

b) Die meisten Fünft- und Sechstklässler kommen mit dem Bus zur Schule.

3

Die Zahl 3543 fehlt im unteren Zug.

4

a) 11112 b) 66664

c) 65666 Info: 66661 ist die sechstgrößte Zahl, danach muss sich die Tausenderstelle ändern.

d) 65432

5

a) 98541 b) 14598 c) 49851

6

a) neunzehntausendneunhundertneunundachtzig

b) 19989; 19990; 19991; 19992; 19993; 19994; 19995; 19996; 19997; 19998; 19999; 20000

Zahlenstrahl und Anordnung, Seite 7

1

a) 78 < 87 b) 877 > 788

c) 7878 > 7788 d) 88778 < 88877

2

54435 > 54354 > 54345 > 45435 > 45345 > 34545

3

a) Von links nach rechts sind markiert: 148; 166; 180; 192; 203 und 214.

b) Von links nach rechts sind markiert: 4150; 4175; 4200; 4215; 4230 und 4255.

4

a)

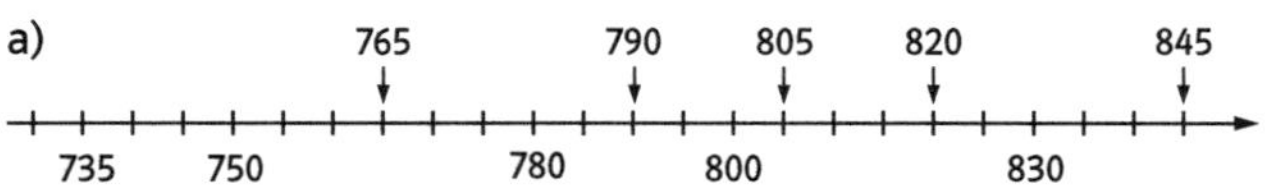

b)

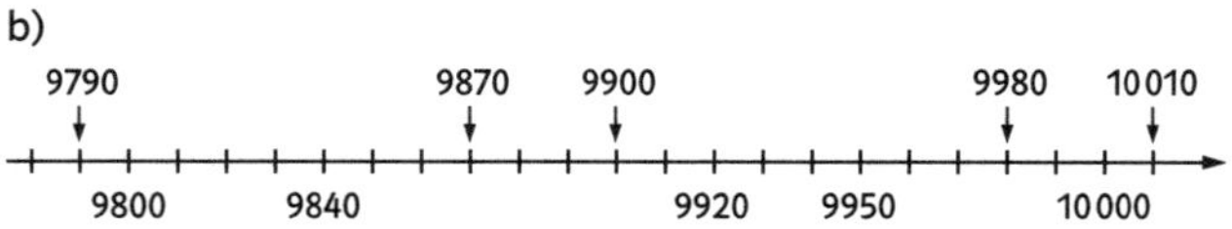

c)

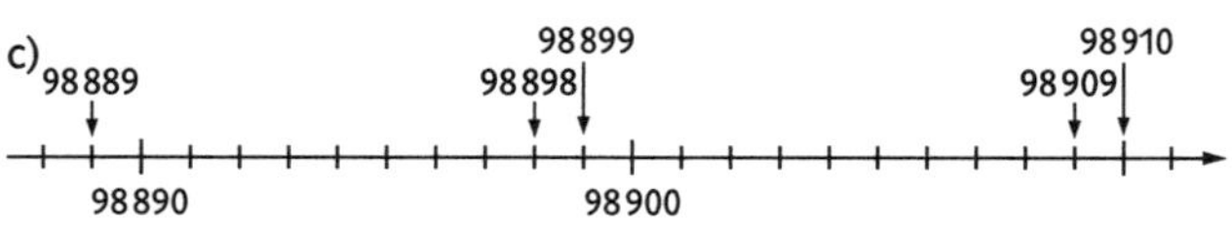

5

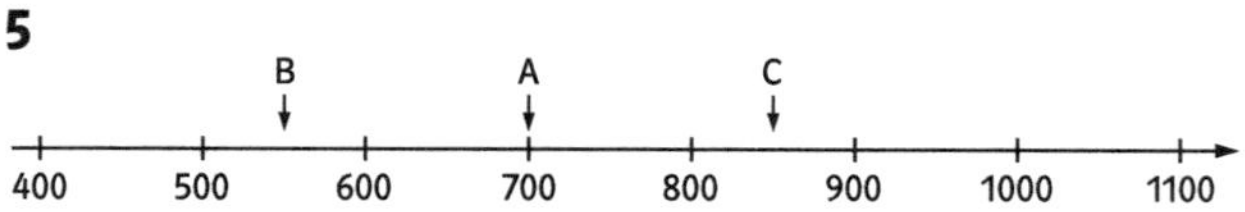

a) Die Zahl A heißt 700.
Die Zahl B heißt 550.
Die Zahl C heißt 850.

b) Die Zahl C ist um 300 größer als die Zahl B.

Das Zehnersystem, Seite 8

1

a) 4212 b) 89047 c) 555005

2

a) achthundertsechsundsiebzig

b) zweitausendundsechsundfünfzig

c) vierhunderttausendundvier

Große Zahlen, Seite 9

1

a) 1 Million = 1000 Tausender

b) 1 Milliarde = 1000 Millionen

c) 1 Billion = 1000 Milliarden

d) 1 Billiarde = 1000 Billionen

e) 1 Billion = 1000000 Millionen

f) 1 Milliarde = 1000000 Tausender

2

a) 17348652 b) 90070600500

3

a) 10000 – 1000 = 9000
9000 : 2 = 4500
1000 + 4500 = 5500

b) 55000

c) 1000000000 – 1000000 = 999000000;
999000000 : 2 = 499500000;
499500000 + 1000000 = 500500000

4

a) 999999 b) 29299300 c) 845000 d) 2500000

5

a) 2 | 141 | 13 | 1 | 10

b) 10 | 1 | 13 | 141 | 2

c) 2 | 141 | 13 | 10

d) 10 | 1 | 141 | 2

e) 2 | 141 | 13 | 10 | 1

f) 10 | 1 | 141 | 2

6

sieben Milliarden: 7000000000
zweihundertachtundzwanzigtausend: 228000
dreiundachtzig Millionen: 83000000
eine Million: 1000000
zwei Milliarden fünfhundert Millionen: 2500000000

Runden und Darstellen großer Zahlen, Seite 10

1

a) Siehe Figur 1. b) Siehe Figur 2.

2

a) Die Einerstelle ist ausschlaggebend: 489 ≈ 490;
1704 ≈ 1700
b) Die Zehnerstelle ist ausschlaggebend: 851 ≈ 900;
6547 ≈ 6500
c) Die Hunderterstelle ist ausschlaggebend: 45 479 ≈ 45 000;
18 501 ≈ 19 000
d) Die Tausenderstelle ist ausschlaggebend: 367 294 ≈ 370 000;
185 000 ≈ 190 000

3

Zahl	Zehner Z	Hunderter H	Tausender T	Zehntausender ZT
9463	9460	9500	9000	10 000
25 849	25 850	25 800	26 000	30 000
150 451	150 450	150 500	150 000	150 000
945 637	945 640	945 600	946 000	950 000
5 454 545	5 454 550	5 454 500	5 455 000	5 450 000

4

a) 7542 7500 7454; 6670 6700 6745; 7600 7552 7642

b) Nein, weil auf Tausender gerundet ergeben sich folgende Päckchen:
Auf 7000 gerundet: 6670; 6700; 6745; 7454
Auf 8000 gerundet: 7500; 7542; 7552; 7600; 7642

5

Allianz-Arena, München ≈ 70 000
Olympia-Stadion, Berlin ≈ 74 000
Signal-Iduna-Park, Dortmund ≈ 80 000
Mercedes-Benz-Arena, Stuttgart ≈ 60 000

Nein. Der Balken geht zur Zahl 30 000. Somit hätten vermutlich noch ein paar Zuschauer in der Rhein-Neckar-Arena Platz finden können.

Andere Stellenwertsysteme, Seite 11

1

a) $I000000_2$
$= 1 \cdot 64 + 0 \cdot 32 + 0 \cdot 16 + 0 \cdot 8 + 0 \cdot 4 + 0 \cdot 2 + 0 \cdot 1 = 64$
b) $IIII_2 = 1 \cdot 8 + 1 \cdot 4 + 1 \cdot 2 + 1 \cdot 1 = 15$
c) $I0I0I0_2 = 1 \cdot 32 + 0 \cdot 16 + 1 \cdot 8 + 0 \cdot 4 + 1 \cdot 2 + 0 \cdot 1 = 42$

2

a) $I0I_2 = \mathbf{1} \cdot 4 + \mathbf{0} \cdot 2 + \mathbf{1} \cdot 1 = 5$
b) $II0I_2 = \mathbf{1} \cdot 8 + \mathbf{1} \cdot 4 + \mathbf{0} \cdot 2 + \mathbf{1} \cdot 1 = 13$
c) $I0II_2 = \mathbf{1} \cdot 8 + \mathbf{0} \cdot 4 + \mathbf{1} \cdot 2 + \mathbf{1} \cdot 1 = 11$
d) $II0II_2 = \mathbf{1} \cdot 16 + \mathbf{1} \cdot 8 + \mathbf{0} \cdot 4 + \mathbf{1} \cdot 2 + \mathbf{1} \cdot 1 = 27$
e) $I0I0II_2 = \mathbf{1} \cdot 32 + \mathbf{0} \cdot 16 + \mathbf{1} \cdot 8 + \mathbf{0} \cdot 4 + \mathbf{1} \cdot 2 + \mathbf{1} \cdot 1 = 43$
f) $IIII0I_2 = \mathbf{1} \cdot 32 + \mathbf{1} \cdot 16 + \mathbf{1} \cdot 8 + \mathbf{1} \cdot 4 + \mathbf{0} \cdot 2 + \mathbf{1} \cdot 1 = 61$

3

Siehe Tabelle 1.

4

Paul ist mit seinen Einträgen um einen Stellenwert nach links verrutscht.
Richtig ist: $29 = \mathbf{1} \cdot 16 + \mathbf{1} \cdot 8 + \mathbf{1} \cdot 4 + \mathbf{0} \cdot 2 + \mathbf{1} \cdot 1 = III0I_2$

5

a) $9 = \mathbf{1} \cdot 8 + \mathbf{0} \cdot 4 + \mathbf{0} \cdot 2 + \mathbf{1} \cdot 1 = I00I_2$
b) $17 = \mathbf{1} \cdot 16 + \mathbf{0} \cdot 8 + \mathbf{0} \cdot 4 + \mathbf{0} \cdot 2 + \mathbf{1} \cdot 1 = I000I_2$
c) $28 = \mathbf{1} \cdot 16 + \mathbf{1} \cdot 8 + \mathbf{1} \cdot 4 + \mathbf{0} \cdot 2 + \mathbf{0} \cdot 1 = III00_2$

6

19 — $I00II_2$; 33 — $I0000I_2$; 14 — $III0_2$; 57 — $III00I_2$
$19 = \mathbf{1} \cdot 16 + \mathbf{0} \cdot 8 + \mathbf{0} \cdot 4 + \mathbf{1} \cdot 2 + \mathbf{1} \cdot 1 = I00II_2$
$33 = \mathbf{1} \cdot 32 + \mathbf{0} \cdot 16 + \mathbf{0} \cdot 8 + \mathbf{0} \cdot 4 + \mathbf{0} \cdot 2 + \mathbf{1} \cdot 1 = I0000I_2$
$14 = \mathbf{1} \cdot 8 + \mathbf{1} \cdot 4 + \mathbf{1} \cdot 2 + \mathbf{0} \cdot 1 = III0_2$
$57 = \mathbf{1} \cdot 32 + \mathbf{1} \cdot 16 + \mathbf{1} \cdot 8 + \mathbf{0} \cdot 4 + \mathbf{0} \cdot 2 + \mathbf{1} \cdot 1 = III00I_2$

Römische Zahlzeichen, Seite 12

1

Beispiel: CCXIV = 100 + 100 + 10 + 4 = 214
Erinnere dich: 9 = 10 − 1 = IX; 4 = 5 − 1 = IV;
40 = 50 − 10 = XL; 400 = 500 − 100 = CD
a) XVIII = 10 + 5 + 3 = 18
b) XXVI = 10 + 10 + 5 + 1 = 26
c) LXXV = 50 + 10 + 10 + 5 = 75
d) CLXXII = 100 + 50 + 10 + 10 + 2 = 172
e) XIX = 10 + 9 = 19
f) CCXL = 100 + 100 + 40

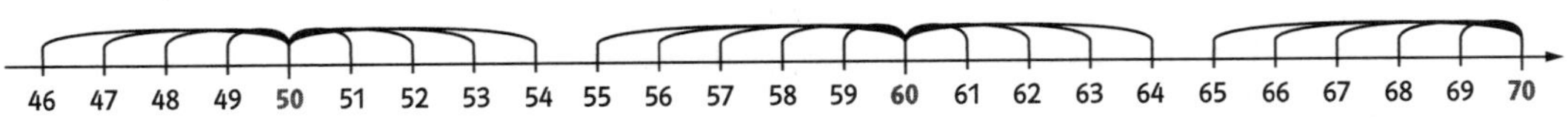

Figur 1

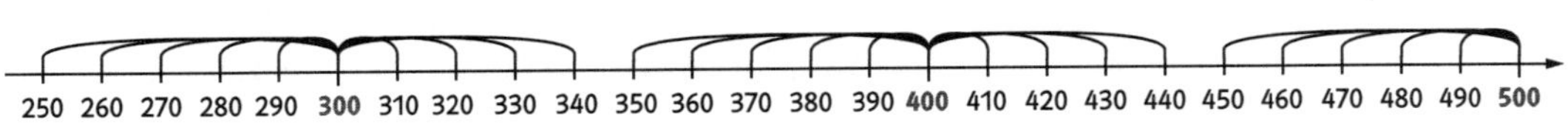

Figur 2

Tabelle 1

Zehner-system	Zweiersystem 16	8	4	2	1	Zehner-system	Zweiersystem 16	8	4	2	1	Zehner-system	Zweiersystem 16	8	4	2	1
10	0	I	0	I	0	11	0	I	0	I	I	12	0	I	I	0	0
13	0	I	I	0	I	14	0	I	I	I	0	15	0	I	I	I	I
16	I	0	0	0	0	17	I	0	0	0	I	18	I	0	0	I	0
19	I	0	0	I	I	20	I	0	I	0	0	21	I	0	I	0	I
22	I	0	I	I	0	23	I	0	I	I	I	24	I	I	0	0	0

2

a) 12 = XII b) 18 = XVIII c) 56 = LVI
d) 88 = LXXXVIII e) 134 = CXXXIV f) 444 = CDXLIV

3

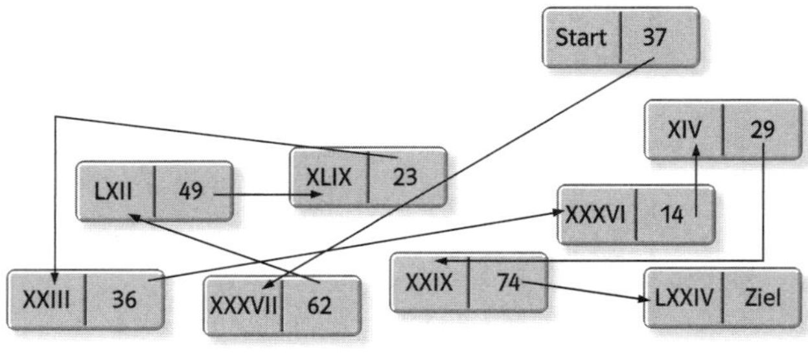

4

CMXCV; CMXCVI; CMXCVII; CMXCVIII; CMXCIX;
M; MI; MII; MIII; MIV; MV

5

a) möglichst große Zahl: MDCLXXXVI = 1686
b) kleinste Zahl mit genau 4 Kärtchen: XXIV = 24
c) 944 = CMXLIV: Man braucht 6 Kärtchen.

6

Das Haus wurde 1927 gebaut.

Lernrückblick, Seite 13

1

a)

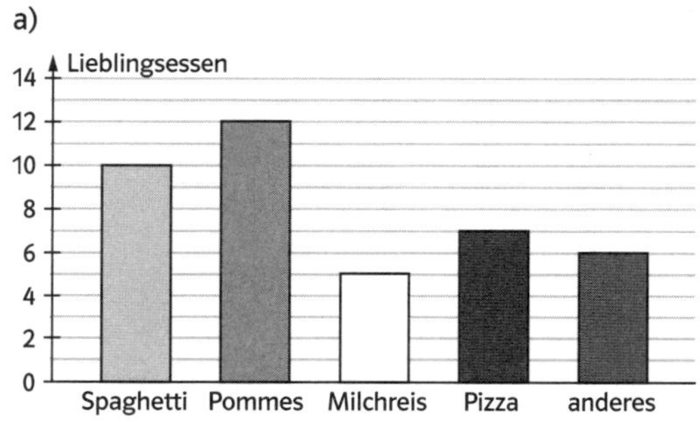

b) Die Säulenhöhen von Spaghetti und Pommes wurden vertauscht. So sieht das korrekte Diagramm aus:

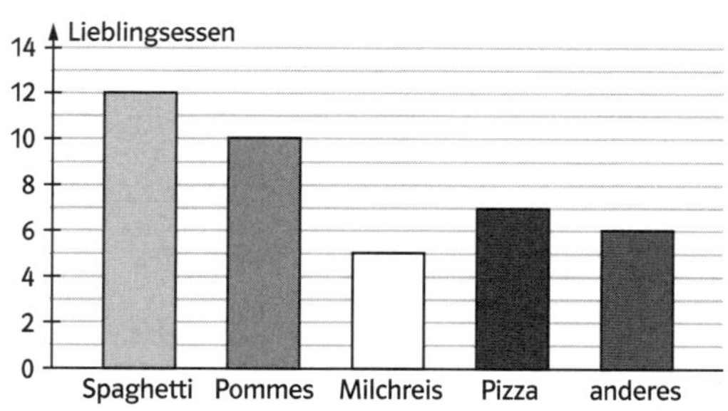

c) Insgesamt kann man 40 Lieblingsessen aus dem Diagramm ablesen. Vermutlich haben manche Schülerinnen und Schüler zwei oder mehr Lieblingsessen angegeben.

2

Die Abstände zwischen den Zahlen sind nicht gleich groß. Richtig sieht der Zahlenstrahl so aus:

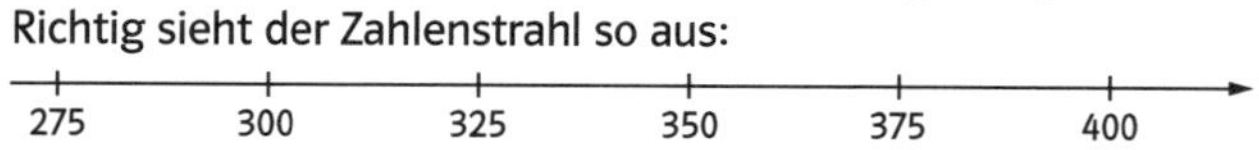

3

a) Die Zahl heißt: 4712
b) Größte Zahl: 5711 Kleinste Zahl: 3713
c) Insgesamt lassen sich zwölf unterschiedliche Zahlen bilden. Du nimmst zum Beispiel zuerst ein Tausenderplättchen. Dieses kannst du an eine Hunderterstelle legen. Damit erhältst du eine neue Zahl. Das gleiche Plättchen nimmst du an der Hunderterstelle wieder weg und legst es an die Zehnerstelle. Wieder erhältst du eine neue Zahl. Im nächsten Schritt nimmst du wieder dieses Plättchen und legst es noch an die Einerstelle. Auch dort erhältst du eine neue Zahl. Damit hast du drei unterschiedliche Zahlen mit nur einem Plättchen gelegt.

Das gleiche Vorgehen wie beim Tausenderplättchen wiederholst du für ein Hunderter-, ein Zehner- und ein Einerplättchen. Das sind 3 + 3 + 3 = 9 neue Zahlen. Mit den 3 neuen Zahlen des Tausenderplättchens hast du insgesamt 12 neue Zahlen gelegt.

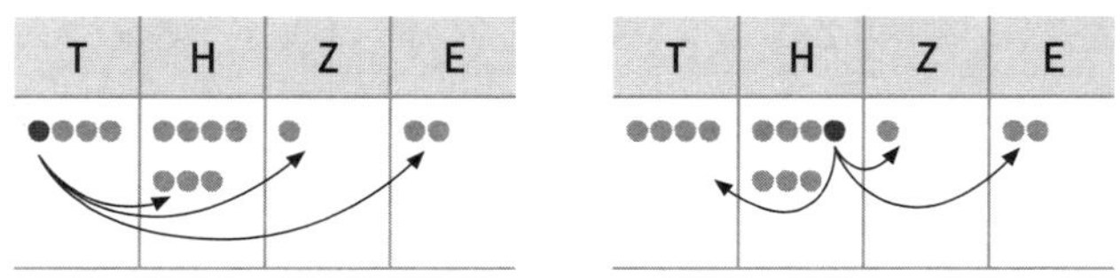

4

a) Der Satz ist richtig. Wenn zum Beispiel Einer mit 10 multipliziert werden, werden sie zu Zehnern. Werden Zehner mit 10 multipliziert, werden sie zu Hunderten usw.
b) Der Satz ist richtig. Die Zahl 250 liegt in der Mitte von 101 und 399.
c) Der Satz ist falsch. Richtig ist: 12 862 591 wird mit sechs verschiedenen Ziffern geschrieben.
d) Der Satz ist falsch. Richtig lautet er:
Wenn eine Zahl durch 10 geteilt wird, werden aus den Tausendern Hunderter und aus den Hundertern Zehner.

5

Sinnvoll gerundet werden können:

- ☐ Telefonnummer der Notrettung
- ☒ Entfernung zwischen Berlin und Hamburg
- ☐ Geburtstag deines Lehrers
- ☒ Anzahl der Besucher eines Fußball-Länderspiels
- ☒ Höhe des Mt. Everest
- ☒ Die Siegerzeit beim Marathonlauf

2 Addieren und Subtrahieren

Selbsteinschätzung, Seite 14

1

a) 96 b) 100 c) 102 d) 520 e) 820 f) 725

2

a)

	5	6	1	3
+	4	4	7	5
	1			
1	0	0	8	8

b)

	1	2	3	4
+	4	5	6	7
+		8	9	0
	1	1	1	
	6	6	9	1

c)

				1	2
+			3	4	5
+		6	7	8	9
+		9	0	9	0
		1	2	1	
	1	6	2	3	6

3

a) 14 b) 20 c) 24 d) 49 e) 57 f) 6

4

a)

	4	5	0	8
−	3	4	0	6
	1	1	0	2

b)

	6	5	7	0	1
−		3	5	6	2
			1	1	
	6	2	1	3	9

c)

	4	6	8	9
−	2	4	4	0
−		6	5	7
	1	1		
	1	5	9	2

5

a) 160 b) 70 c) 1100

Addieren, Seite 15

1

a) 138 b) 80 c) 97 d) 780 e) 830 f) 150

2

73 + 27 = 100
91 + 9 = 100
46 + 54 = 100
135 + 65 = 200

3

a) 300 b) 500 c) 600
d) 5730 e) 6630 f) 15 630

4

a)

	3	6	8	5	2
+	6	3	1	4	7
	9	9	9	9	9

b)

		9	6	5	4	3
+			3	4	5	7
		1	1	1	1	
	1	0	0	0	0	0

c)

		9	0	1	2	5
+			9	8	7	6
		1	1	1	1	
	1	0	0	0	0	1

e)

		2	5	5
+		3	7	8
+		9	6	0
+		4	0	7
		2	2	
	2	0	0	0

f)

				1	2	3	4	5	6
+			1	2	3	4	5	6	7
+		1	2	3	4	5	6	7	8
+	1	2	3	4	5	6	7	8	9
			1	1	2	2	2	3	
	1	3	7	1	6	0	4	9	0

5

399 + 235 + 365 = 999 oder 235 + 178 + 186 + 399 = 998

6

a)

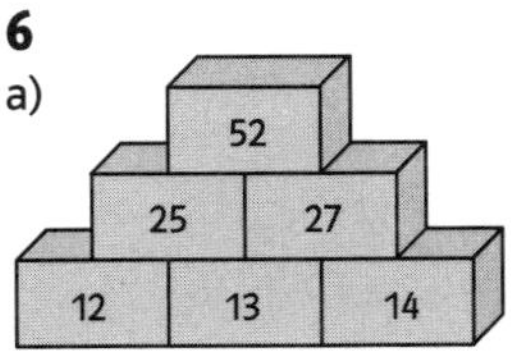

b)

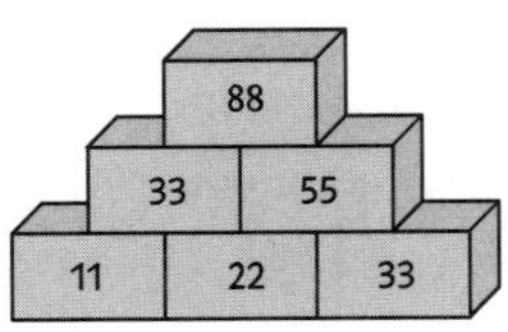

c)

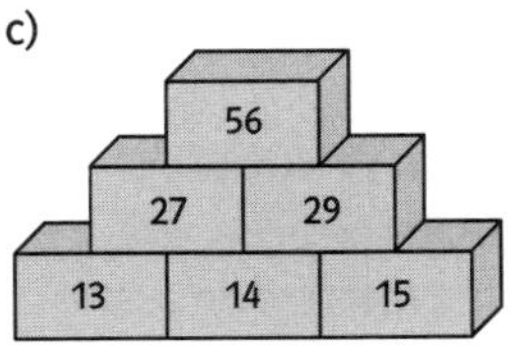

Man erwartet eine um 4 größere Zahl, da jeder untere Stein um 1 größer wird und sich der Stein in der Mitte doppelt „auswirkt".

d)

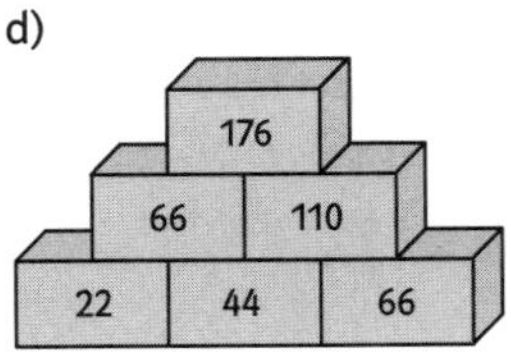

Da die Zahlen alle doppelt so groß sind wie in Teilaufgabe b) erwartet man, dass der Wert im obersten Stein doppelt so groß ist.

e) Bei einer Veränderung in der unteren Reihe wirkt es sich außen so aus, dass sich der Unterschied auch bei der obersten Zahl zeigt. Bei einer Änderung in der Mitte wirkt sich der Unterschied auf die oberste Zahl doppelt aus.

Subtrahieren, Seite 16

1

a) 23 b) 64 c) 26
d) 130 e) 70 f) 55
g) 7 h) 0 i) 1

2

a)

	−5	−50	−55
95	90	45	40
955	950	905	900
9555	9550	9505	9500

b)

	−5	−50	−55
895	890	845	840
900	895	950	945
905	900	855	850

c)

	−15	−60	−65
195	180	135	130
285	270	225	220
375	360	315	310

3

a)

	6	8	9
−	3	5	6
	3	3	3

b)

	5	2	6	0
−		8	1	6
	1		1	
	4	4	4	4

c)

	6	0	0	0	3
−		4	4	4	8
	1	1	1	1	
	5	5	5	5	5

d)

	9	8	7
−	6	3	4
−		3	2
	3	2	1

e)

	4	4	4	4
−		3	3	3
−			2	2
−				1
		1	1	
	4	0	8	8

f)

	1	1	1	1
−		2	2	2
−			3	3
−				4
	1	1	1	
		8	5	2

4

A, F und H: Ergebnis 3
C, E und I: Ergebnis 30
B, D und G: Ergebnis 33

5

Sarah hat zweimal den Übertrag vergessen.
Roman hat bei den letzten drei Stellen addiert.
Marlene hat richtig gerechnet.

	4	7	0	8
−	2	3	1	9
		1	1	
	2	3	8	9

Subtrahieren, Seite 17

6

a)

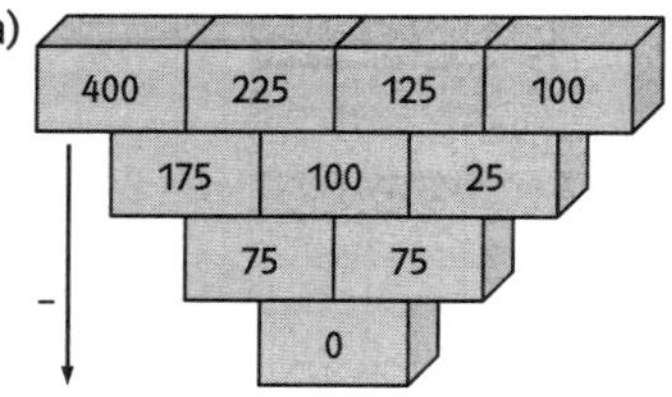

b)

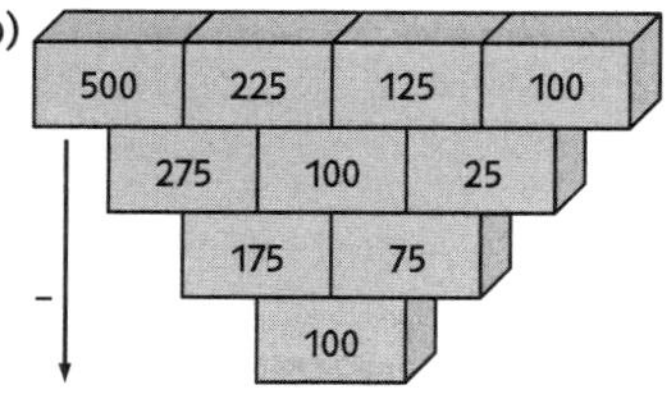

c) Setzt man 600 statt 400 ein, erhält man als untere Zahl 200, also 200 mehr als in Teilaufgabe a).

Dies gilt für Zahlen außen in der Mauer, weil sich die 200 auch nur außen fortsetzt. Folglich erhält man für 700 statt 400 im untersten Stein 300.

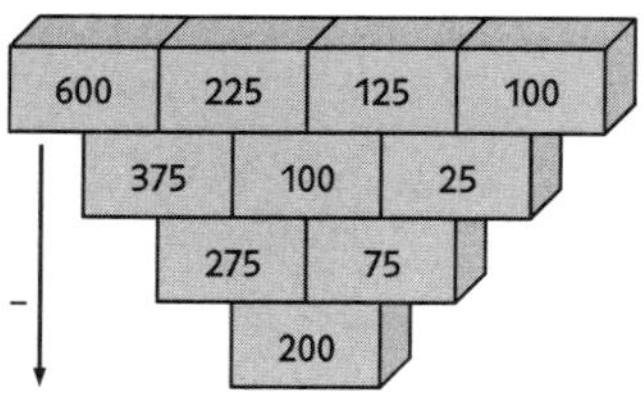

7

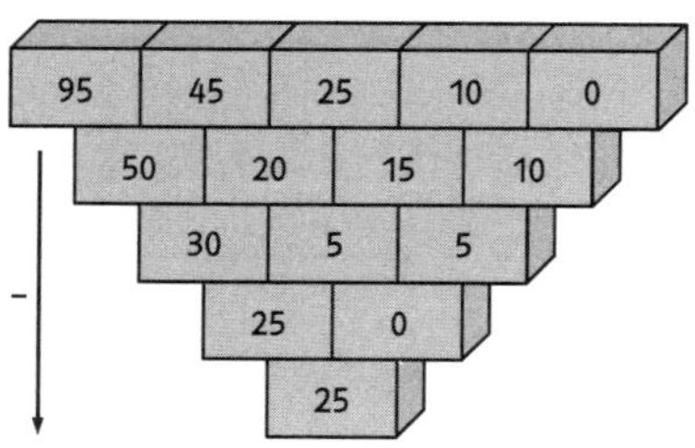

8

a)

840	+	320	=	**1160**
–		–		–
225	+	105	=	**330**
=		=		=
615	+	**215**	=	**830**

b)

666	+	555	=	**1221**
–		–		–
444	+	333	=	**777**
–		–		–
111	+	222	=	**333**
=		=		=
111	+	**0**	=	111

9

a)

	5	4	1	6
–	2	3	7	8
	3	0	3	8

b)

	9	6	2	5
–		9	6	2
–		3	4	3
	8	3	2	0

c)

	5	6	7	8
–		4	5	6
–			3	2
	5	1	9	0

10

Beispiele: 5445 – 4545 = 900 mit O = 5; T = 4
5335 – 3535 = 1800 mit O = 5; T = 3
Bei der Bildung der Zahlen musst du darauf achten, dass die Ziffer für O größer ist als die für T.

Summen und Differenzen. Klammern, Seite 18

1

a) 3 b) 0 c) 1 d) 8

2

a) 10 – 7 – 2 = 1

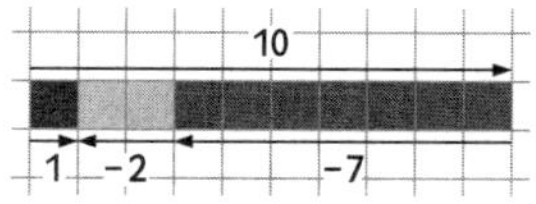

b) 12 – 3 – 4 = 5

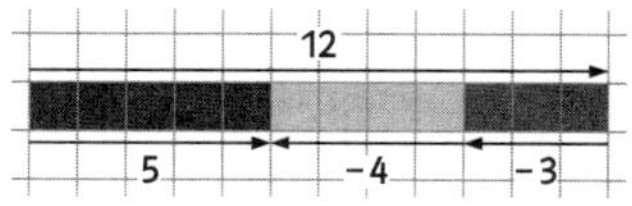

c) 14 – 6 – 5 – 3 = 0

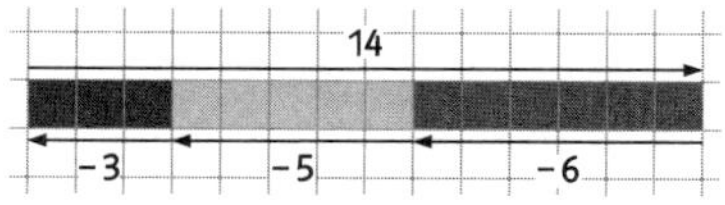

3

a) 70; 0 b) 14; 13 341

4

a) 25 + 15 – 11 = 29;
33 – 22 + 44 = 55;
+56 – 34 – 21 = 1
b) 17 + 23 – 5 = 35;
234 – 65 – 104 = 65;
+50 – 17 – 11 = 22

5

a) 35 + 45 – 44 – 6 + 12 = 42
b) 55 – 5 – 23 – 27 + 100 = 100
c) 200 + 100 – 29 – 21 + 31 = 281
d) 60 – 5 – 35 + 34 + 12 = 56

6

a) (17 – 7) + (17 + 7) = 10 + 24 = 34
b) (17 + 7) – (17 – 7) = 24 – 10 = 14

7

a)

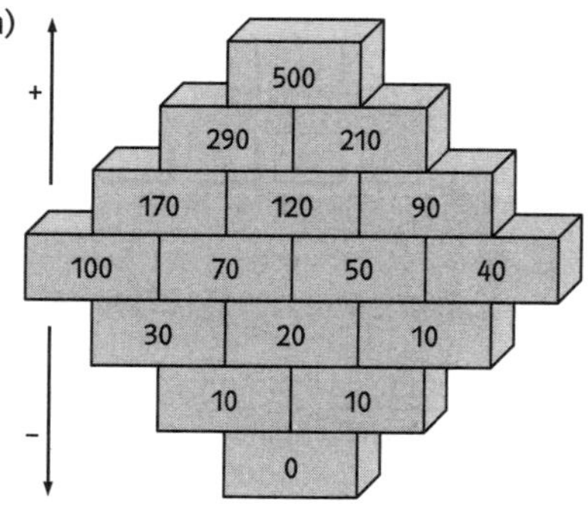

b) Oben erhält man 500 + 100 = 600 und in der vorletzten unteren Reihe ergibt 110 − 10 = 100 im untersten Stein.

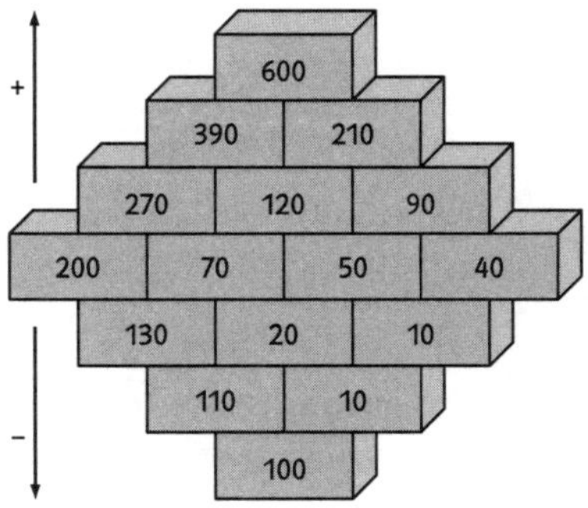

c) Oben erhält man 490 und im letzten Stein steht 10.

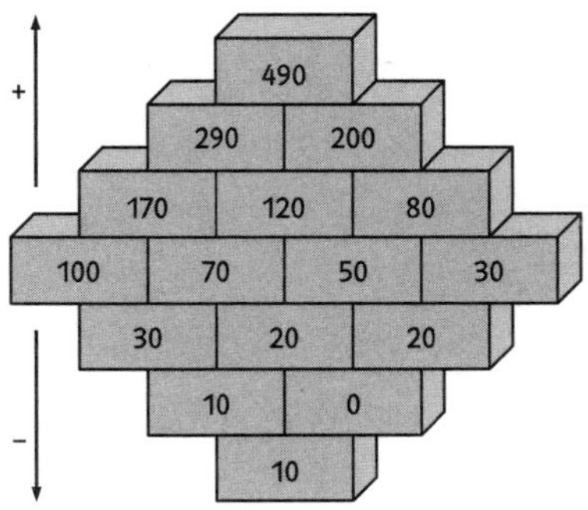

Summen und Differenzen. Klammern, Seite 19

8
a) 175; 25; 75; 125　　b) 50; 20; 10; 20

9
a) 93; 45; 21; 81; 57
b) 300; 300; 330; 330; 300

10
a) (60 + 32) − 11 = 81
60 + 32 − (11 + 9) = 72
60 − (32 − 11) + 9 = 48

b) 60 − (32 + 11) = 17
60 + (32 − 11) + 9 = 90
60 − 32 − (11 + 9) = 8

c) (60 − 32) − 11 = 17
60 − (32 − 11) − 9 = 30
60 − 32 − (11 − 9) = 26

11
a) 375 − (37 + 13) = 325
b) 1223 − (34 + 66 + 56 + 44) = 1023

12
a) 32 − (15 − 10) = 27　　b) 32 − 15 − 10 = 7
c) 32 − 15 + 10 = 27　　d) 32 − (15 + 10) = 7

13
a) 50 − (15 − 13) − 11 − 9 = 28
b) 50 − 15 − (13 − 11) − 9 = 24

14
a) 36 + (80 − 65) = 51
36 + (95 − 80) = 51

b) 76 − (32 + 18) = 26
76 − (82 − 32) = 26

c) 86 − (25 − 5) = 66
86 − (45 − 25) = 66

15
25 − (25 − 15) | 25 − (15 − 5) | 52 − (32 + 5)
haben als Ergebnis 15
52 + (32 − 15) | 25 + (52 − 8) | 52 + (12 + 5)
haben als Ergebnis 69

Lernrückblick, Seite 20

1
124 + 214 + 312 = 650
128 + 205 + 317 = 650

2
625 − 340 < 651 − 365 < 638 − 350 < 425 − 136 < 441 − 131
285 < 286 < 288 < 289 < 310

3
a)

	1	9	4	3
+	2	2	5	2
+	3	6	4	5
+		1	4	7
	1	1	1	
	7	9	8	7

b)

	4	5	6	8
−	1	3	5	2
−		1	7	8
		1	1	
	3	0	3	8

c)

	9	0	2	5
−	7	8	4	2
−		9	2	7
−			5	6
	2	1	1	
		2	0	0

4
a) Jonas hat die Klammer weggelassen, ohne auf das Minuszeichen vor 97 zu achten. Richtig ist:
254 − (154 − 97)
= 254 − 57
= 197
b) Beim Setzen der Klammer muss Jonas die Subtrahenden zunächst addieren. Richtig ist:
50 − 23 − 12 − 11
= 50 − (23 + 12 + 11)
= 50 − 46
= 4
c) Jonas hat nicht beachtet, dass Klammern zuerst berechnet werden.

3 Multiplizieren und Dividieren

Selbsteinschätzung, Seite 21

1
a) 30　b) 56　c) 56　d) 36　e) 81　f) 99

2
a)

4	5	6	·	7	8
	3	1	9	2	
		3	6	4	8
		1			
	3	5	5	6	8

b)

6	7	8	·	5	0	3
	3	3	9	0		
			0	0	0	
			2	0	3	4
		1				
	3	4	1	0	3	4

3

a) 7 b) 7 c) 7 d) 8 e) 4 f) 8

4

a)

	5	3	6	:	8	=	6	7	
−	4	8							
		5	6						
	−	5	6						
			0						

b)

	3	2	6	4	:	1	2	=	2	7	2	
−	2	4										
		8	6									
	−	8	4									
			2	4								
		−	2	4								
				0								

Selbsteinschätzung, Seite 22

5

a) 12 300; 123 000 b) 456; 4560

6

a) 12 : 3 + 4 · 5 = 4 + 20 = 24
b) 2 + 3 · 4 − 5 = 2 + 12 − 5 = 9

7

1001 : 11 = 91 320 · 8 = 2560 686 : 98 = 7
191 · 5 = 955 4509 : 9 = 501 498 · 19 = 9462

8

a) 2 · 17 · 5 = 2 · 5 · 17 = 10 · 17 = 170
b) 99 · 12 = (100 − 1) · 12 = 100 · 12 − 1 · 12 = 1200 − 12 = 1188
c) 9 · 12 345 · 0 = 0
Wenn ein Faktor Null ist, hat das Produkt den Wert null.
d) 12 · 25 · 5 · 4 = 12 · 5 · 25 · 4 = 60 · 100 = 6000

9

a) 3 · 4,00 € + 4 · 6,00 € + 2 · 5,00 € = 12,00 € + 24,00 € + 10,00 € = 46,00 €
Marlene muss 46,00 € bezahlen.
50,00 € − 46,00 € = 4,00 €
Sie bekommt 4,00 € zurück.
b) (100 − 29) − 5 · 14 = 71 − 70 = 1

Multiplizieren, Seite 23

1

das „kleine 1 × 1“:

·	1	2	3	4	5	6	7	8	9	10
1	1	2	3	4	5	6	7	8	9	10
2	2	4	6	8	10	12	14	16	18	20
3	3	6	9	12	15	18	21	24	27	30
4	4	8	12	16	20	24	28	32	36	40
5	5	10	15	20	25	30	35	40	45	50
6	6	12	18	24	30	36	42	48	54	60
7	7	14	21	28	35	42	49	56	63	70
8	8	16	24	32	40	48	56	64	72	80
9	9	18	27	36	45	54	63	72	81	90
10	10	20	30	40	50	60	70	80	90	100

das „große 1 × 1“:

·	11	12	13	14	15	16	17	18	19	20
1	11	12	13	14	15	16	17	18	19	20
2	22	24	26	28	30	32	34	36	38	40
3	33	36	39	42	45	48	51	54	57	60
4	44	48	52	56	60	64	68	72	76	80
5	55	60	65	70	75	80	85	90	95	100
6	66	72	78	84	90	96	102	108	114	120
7	77	84	91	98	105	112	119	126	133	140
8	88	96	104	112	120	128	136	144	152	160
9	99	108	117	126	135	144	153	162	171	180
10	110	120	130	140	150	160	170	180	190	200

2

a) 16; 32; 64; 128
b) 34; 85; 119; 153
c) 171; 189; 261; 279
d) 209; 231; 319; 341

3

a) 2100 b) 6000 c) 320 000

4

a)

2	3	·	4	5	
		9	2		
		1	1	5	
	1				
	1	0	3	5	

b)

5	6	7	·	8	9
	4	5	3	6	
		5	1	0	3
	1				
	5	0	4	6	3

c)

8	6	4	·	5	0	4
	4	3	2	0		
			0	0	0	
			3	4	5	6
	4	3	5	4	5	6

5

a) 60 · 12 = 720; 6 · 120 = 720; 120 · 6 = 720; 12 · 60 = 720
Du kannst die Faktoren vertauschen und erhältst dasselbe Ergebnis.
b) 3 · 4 · 5 = 60 und 5 · 4 · 3 = 60
Bei der Multiplikation darfst du die Reihenfolge der Faktoren vertauschen. Das Ergebnis bleibt gleich.

6

a) Du kannst die Zahlen 35 und 53 sowie 24 und 42 bilden.
b) 35 · 24 = 840
53 · 24 = 1272
35 · 42 = 1470
53 · 42 = 2226
c) 1272 und 1470 liegen am nächsten beieinander.

7

2 Schokoriegel kosten 2 · 99 ct = 198 ct,
2 Tafeln Schokolade kosten 2 · 149 ct = 298 ct.
Alexander muss also 198 ct + 298 ct = 496 ct = 4,96 € bezahlen.
Alexanders Geld reicht, er hat noch 4 Cent übrig.

Potenzieren, Seite 24

1

a) $3 \cdot 3 \cdot 3 \cdot 3 \cdot 3 = 3^5 = 243$ $4 \cdot 4 \cdot 4 = 4^3 = 64$
$2 \cdot 2 \cdot 2 \cdot 2 \cdot 2 \cdot 2 = 2^6 = 64$ $1 \cdot 1 \cdot 1 \cdot 1 \cdot 1 \cdot 1 \cdot 1 = 1^7 = 1$
b) $3^2 = 3 \cdot 3 = 9$ $2^5 = 2 \cdot 2 \cdot 2 \cdot 2 \cdot 2 = 32$
$5^3 = 5 \cdot 5 \cdot 5 = 125$ $6^3 = 6 \cdot 6 \cdot 6 = 216$
c)

Potenz	1^2	2^2	3^2	4^2	5^2	6^2	7^2	8^2	9^2	10^2
Wert	1	4	9	16	25	36	49	64	81	100

Diese Potenzwerte nennt man auch Quadratzahlen.

Potenz	2^5	2^6	2^7	2^8	2^9	2^{10}
Wert	32	64	128	256	512	1024

Die Potenzen mit der Basis 2 (von 2^1 bis 2^{10}) nennt man auch Zweierpotenzen. Das sind die Zahlen 2; 4; 8; 16; 32; 64; 128; 256; 512 und 1024.

Potenz	3^1	3^2	3^3	3^4	3^5	3^6
Wert	3	9	27	81	243	729

Die Potenzen mit der Basis 3 (von 3^1 bis 3^{10}) nennt man auch Dreierpotenzen. Das sind die Zahlen 3; 9; 27; 81; 243; 729; 2187; 6561; 19 683 und 59 049.

2

a) $10^2 = 100$; $10^3 = 1000$; $10^4 = 10\,000$; $10^5 = 100\,000$
Bei den Zehnerpotenzen ist die Hochzahl gleich der Anzahl der Nullen des Potenzwerts.
b) $1000 = 10^3$; $100\,000 = 10^5$; 1 Million $= 1\,000\,000 = 10^6$;
10 Milliarden $= 10\,000\,000\,000 = 10^{10}$
c) $10 \cdot 10 \cdot 10 = 1000 = 10^3$ 1 Tausend
$10 \cdot 10 \cdot 10 \cdot 10 \cdot 10 = 100\,000 = 10^5$ 1 Hunderttausend

3

a) und b) Insgesamt gibt es sechs Möglichkeiten die Zahlen zu Potenzen zu kombinieren.
$2^3 = 8 < 3^2 = 9 < 2^4 = 16 < 4^2 = 16 < 4^3 = 64 < 3^4 = 81$

4

a) $3^4 = 81$ und $4^3 = 64$ $81 > 64$
b) Zum Beispiel $2^4 = 16$ und $4^2 = 16$

5

a) $5^2 < 2^5$ b) $1^8 = 1^{11}$ c) $8^2 = 4^3$
d) $3^3 > 2^3$ e) $3^5 > 4^2$ f) $2^{10} > 10^3$

6

a) $2 + 2 + 2 = 6$; $2 \cdot 2 \cdot 2 = 8$; $22^2 = 484$
b) $6 < 8 < 484$

7

$2^8 = 4^4 = 16^2 = 256^1 = 256$

Dividieren, Seite 25

1

a) 8; 9; 9 b) 20; 15; 11
c) 20; 15; 12 d) 5; 4; 3
e) 30; 500; 600 f) 10; 50; 4

2

a)

	: 2	: 5	: 10
1000	500	200	100
500	250	100	50
100	50	20	10
50	25	10	5

b)

	: 10	: 100	: 1000
80 000	8000	800	80
500 000	50 000	5000	500
1 200 000	120 000	12 000	1200
999 000	99 900	9990	999

3

a)

	8	6	8	:	7	=	1	2	4
−	7								
	1	6							
−	1	4							
		2	8						
	−	2	8						
			0						

b)

	1	6	1	4	:	6	=	2	6	9
−	1	2								
		4	1							
	−	3	6							
			5	4						
		−	5	4						
				0						

c)

	2	8	8	4	:	1	4	=	2	0	6
−	2	8									
		0	8								
	−		0								
			8	4							
		−	8	4							
				0							

d)

	6	3	1	8	9	:	2	1	=	3	0	0	9
−	6	3											
		0	1										
	−		0										
			1	8									
		−		0									
			1	8	9								
		−	1	8	9								
					0								

4

a) 72 : 7 = 10 R2

b) 304 : 15 = 20 R4

c) 8005 : 2 = 4002 R1

d) 10 000 : 3 = 3333 R1

5

a) 234 R2; 234 R3; 235; 235 R1;
235 R2; 235 R3

b) 1, 2 und 3

c) 1, 2 und 3

d) 1, 2, 3, 4 und 5

Dividieren, Seite 26

6

a) Man muss 75 durch 5 dividieren, weil 5 · 15 = 75 ist.

b) Man muss 14 mit 11 multiplizieren, weil 154 : 14 = 11 ist.

7

a) Zum Beispiel: 426 : 123 = 5 R27

b) Wenn die größere Zahl das Doppelte der kleineren ist, kann man ohne Rest teilen.
Zum Beispiel: 624 : 312 = 2; 426 : 213 = 2

8

a)

	1	3	3	2	0	:	2	4	=	5	5	5
–	1	2	0									
		1	3	2								
	–	1	2	0								
			1	2	0							
		–	1	2	0							
					0							

b)

	2	5	3	8	:	1	8	=	1	4	1
–	1	8									
		7	3								
	–	7	2								
			1	8							
		–	1	8							
				0							

c)

	5	4	3	0	0	:	1	5	=	3	6	2	0
–	4	5											
		9	3										
	–	9	0										
			3	0									
		–	3	0									
				0									

d)

	6	5	0	4	:	1	2	=	5	4	2
–	6	0									
		5	0								
	–	4	8								
			2	4							
		–	2	4							
				0							

9

Überschlagsrechnung: 32 000 : 8 = 4000
genaue Rechnung: 31 956 € = 3 195 600 ct
3 195 600 : 8 = 399 450, das sind 3994,50 €.
Jeder erhält 3994,50 €.

10

a) 200 : 10 = 20
Man erhält 20 Schachteln.

b) 200 : 7 = 28 R4
Es ist nicht geschickt, 7 Pralinen in eine Packung zu packen, da dann bei 200 Pralinen ein Rest von 4 Pralinen übrig bleibt.

c) 200 : 9 = 22 R2; 200 : 19 = 10 R10; 200 : 99 = 2 R2.

Punkt vor Strich. Klammern, Seite 27

1

a) 10 + 3 · 5 = 10 + 15 = 25

b) 17 – 2 · 4 = 17 – 8 = 9

c) 10 – 25 : 5 = 10 – 5 = 5

d) 3 · 4 + 5 · 6 = 12 + 30 = 42

Es gilt jeweils Punkt- vor Strichrechnung, also immer zuerst multiplizieren und dividieren und danach erst addieren und subtrahieren.

2

a) 5 · 12 + 35 : 7 = 60 + 5 = 65

b) 120 : 2 – 14 · 3 = 60 – 42 = 18

c) 55 + 55 : 11 + 11 = 55 + 5 + 11 = 71

d) 17 – 4 · 3 + 13 = 17 – 12 + 13 = 18

e) Die Regel heißt „Punkt vor Strich" und bedeutet, dass immer zuerst multipliziert und dividiert wird, bevor man addiert und subtrahiert.

3

a) 2 · 8 + 4 · 6 = 16 + 24 = 40

b) 6 · 8 + 4 · 2 = 48 + 8 = 56

c) 2 · 6 + 4 · 8 = 12 + 32 = 44

4

a) 14 und 20
Die Ergebnisse sind verschieden, weil die Klammer die Regel „Punkt vor Strich" außer Kraft setzt.

b) 65 und 65
Die Ergebnisse sind gleich.

c) 15 und 0
Die Ergebnisse sind verschieden, weil die Klammer die Regel „Punkt vor Strich" außer Kraft setzt. Die Klammer muss zuerst berechnet werden. Ist ein Faktor in einem Produkt 0, so hat das ganze Produkt den Wert 0.

5

a) 25 : (11 – 6) = 25 : 5 = 5

b) (5 + 4) · (3 – 2) = 9 · 1 = 9

c) 7 · (6 + 5) – 4 · (3 + 2) = 7 · 11 – 4 · 5 = 77 – 20 = 57

Hier gilt: Klammer zuerst, dann Punkt vor Strich.

6

(22 – 2 · 6) : (3 + 6 : 3)	Als erstes rechne ich Punkt vor Strich.
= (22 – 12) : (3 + 2)	Jetzt löse ich die Klammer auf.
= 10 : 5	Ich rechne von links nach rechts.
= 2	

7

a) (12 + 18) · 10 = 30 · 10 = 300
b) Hier ist keine Kammer nötig. 10 · 12 + 80 = 120 + 80 = 200
c) (35 − 15) : 5 = 20 : 5 = 4

8

2 Erwachsene	2 · 9,00 € = 18,00 €
+ 3 Kinder	3 · 4,50 € = 13,50 €
+ 1 Seniorin	1 · 4,50 € = 4,50 €

Summe Eintrittskosten: 18,00 € + 13,50 € + 4,50 € = 36,00 €
Wechselgeld: 50,00 € − 36,00 € = 14,00 €
Frau Schön erhält 14,00 € Wechselgeld zurück.

Ausklammern. Ausmultiplizieren, Seite 28

1

a) 3 · 75 + 3 · 125 = 3 · (75 + 125) = 3 · 200 = 600
b) 28 · 16 + 72 · 16 = (28 + 72) · 16 = 100 · 16 = 1600
c) 65 · 119 − 65 · 109 = 65 · (119 − 109) = 65 · 10 = 650
d) 9 · 1571 − 566 · 9 = 9 · (1571 − 566) = 9 · 1005 = 9045

2

a) 35 · 17 + 14 · 17 − 48 · 17 = (35 + 14 − 48) · 17 = (49 − 48) · 17 = 1 · 17 = 17
b) 101 · 12 − 48 · 12 − 12 · 51 = (101 − 48 − 51) · 12 = (101 − 99) · 2 = 2 · 12 = 24
c) 19 · 21 + 19 · 53 + 19 · 26 = 19 · (21 + 53 + 26) = 19 · (47 + 53) = 19 · 100 = 1900
d) 97 · 34 − 47 · 34 − 49 · 34 = (97 − 47 − 49) · 34 = (97 − 96) · 34 = 1 · 34 = 34

3

a) 7 · (40 + 5) = 7 · 40 + 7 · 5 = 280 + 35 = 315
b) 9 · (50 − 4) = 9 · 50 − 9 · 4 = 450 − 36 = 414
c) 24 · (20 + 3) = 24 · 20 + 24 · 3 = 480 + 72 = 552
d) 13 · (100 − 5) = 13 · 100 − 13 · 5 = 1300 − 65 = 1235

4

a) 8 · 76 = 8 · (70 + 6) = 8 · 70 + 8 · 6 = 560 + 48 = 608
b) 7 · 65 = 7 · (60 + 5) = 7 · 60 + 7 · 5 = 420 + 35 = 455
c) 6 · 309 = 6 · (300 + 9) = 6 · 300 + 6 · 9 = 1800 + 54 = 1854

5

a) 15 · (30 + 3) = 15 · 30 + 15 · 3 = 450 + 45 = 495
b) 16 · (100 − 3) = 16 · 100 − 16 · 3 = 1600 − 48 = 1552
c) 17 · 34 + 17 · 66 = 17 · (34 + 66) = 17 · 100 = 1700
d) 23 · 54 − 23 · 28 − 23 · 26 = 23 · (54 − 28 − 26) = 23 · (54 − 54) = 23 · 0 = 0

6

a) Ein Produkt ist gleich null, wenn ein Faktor Null ist.
Also ist das Ergebnis 13 · 17 · 0 = 0
b) In einem Produkt darf man die Reihenfolge der Faktoren vertauschen.
4 · 5 · 27 = 20 · 27 = 540
c) 99 · 9 − 99 · 9 = 0
d) 190 und 38 sind Vielfache von 19, deshalb
(190 − 38) : 19 = 190 : 19 − 38 : 19 = 10 − 2 = 8

7

Sarah hat richtig gerechnet. Roman hat beim Auflösen der Klammer nur einen Summand mit 13 multipliziert.

8

a) (5 + 8) · (8 − 5) = 13 · 3 = 39
b) (12 + 8) : (12 − 8) = 20 : 4 = 5

Lernrückblick, Seite 29

1

6 · 16 = 96	5 · 17 = 85	9 · 15 = 135
7 · 14 = 98	8 · 18 = 144	6 · 19 = 114

Das Lösungswort lautet: SUPER!

2

a) Hier wurde die 2. Zeile nicht stellengerecht eingetragen.

3	4	5	·	1	2	3
		3	4	5		
			6	9	0	
			1	0	3	5
		1	1			
		4	2	4	3	5

b) Es wurde nicht stellengerecht eingetragen.

2	6	8	·	3	0	2
		8	0	4		
			0	0	0	
				5	3	6
		8	0	9	3	6

3

Richtig sind b) und c).

4

3, 27 und 81 sind Potenzen von 3.

5

Einen Rest gibt es bei 136 : 16 (= 8 R 8) und bei 350 : 9 (= 38 R 8).

6

4445 : 5 = 889   889 : 7 = 127
Bei der Division durch 35 erhält man dasselbe Ergebnis, da 5 · 7 = 35 ist.

Lernrückblick, Seite 30

7

a) und d) sind falsch. b); c) und e) sind richtig.
Korrektur a): „Punkt vor Strich" heißt zuerst multiplizieren und dividieren, dann addieren und subtrahieren.
Korrektur d): Eine Klammer darf man nur weglassen, wenn plus vor der Klammer steht.

8

3 · 10 − 3 · 5 = 3 · (10 − 5) = 15
12 : 4 + 16 : 4 = (12 + 16) : 4 = 7
10 · 6 = (8 + 2)(8 − 2) = 60

9

	Aufgabe	Überschlag
A	105 · 48	5000
B	1008 : 199	5
C	19 · 51	1000
D	9999 : 989	10
E	402 : 39 + 29	40

B < D < E < C < A

10

a) $4 \cdot (5 + 6)$
$= 4 \cdot 5 + 4 \cdot 6$ Ein Summand wurde nicht ausmultipliziert.
$= 20 + 24$
$= 44$
b) $6 \cdot 5 - 5 \cdot 4$
$= 5 \cdot (6 - 4)$ Es wurde der falsche Faktor ausgeklammert.
$= 5 \cdot 2$ Nur 5 kommt in beiden Produkten vor.
$= 10$

11

a) $29 \cdot 15 = (30 - 1) \cdot 15 = 30 \cdot 15 - 1 \cdot 15 = 450 - 15 = 435$
b) $17 \cdot 4 \cdot 2 \cdot 25 \cdot 5 = 2 \cdot 5 \cdot 4 \cdot 25 \cdot 17 = 10 \cdot 100 \cdot 17 = 1000 \cdot 17 = 17000$
c) $41 \cdot 23 = (40 + 1) \cdot 23 = 40 \cdot 23 + 1 \cdot 23 = 920 + 23 = 943$
d) $7 \cdot 136 + 3 \cdot 136 = (7 + 3) \cdot 136 = 10 \cdot 136 = 1360$

12

Die richtige Reihenfolge lautet:
1. Lies die ganze Textaufgabe sorgfältig durch.
2. Schreibe die gegebenen und gesuchten Größen auf.
3. Mache einen Plan für die Rechenschritte.
4. Schätze das Ergebnis durch einen Überschlag.
5. Führe die Rechnung durch.
6. Schreibe einen Ergebnissatz.

4 Geometrie

Selbsteinschätzung, Seite 31

1

A Zwei Faltungen über die halben Seitenlängen
B Zwei Faltungen über die Diagonalen

Das Papier wird jeweils in vier Felder eingeteilt.

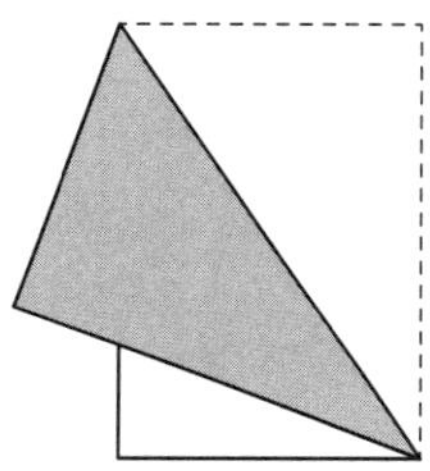

Faltung über eine Diagonale

2

a) Länge der Stecknadel mit Kopf: 5 cm
b) Länge der kurzen Heftseite: 21 cm

Selbsteinschätzung, Seite 32

3

Gerade: c
Strecke: a
b ist eine Linie, die weder Strecke noch Gerade ist.

4

a) 3 cm
b) 6,5 cm
c) 45 mm

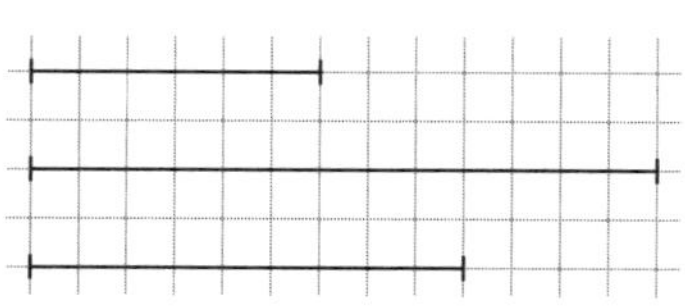

5

Zueinander senkrecht sind: i und j
Zueinander parallel sind: g und h

6

Drei Schnittpunkte.

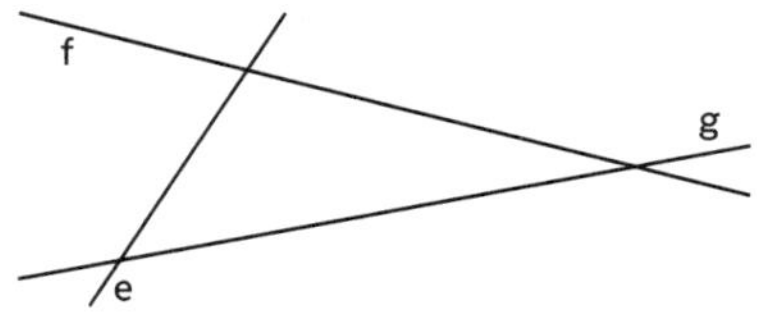

7

Figur B ist achsensymmetrisch.
Es gibt eine Symmetrieachse.

Figur A ist punktsymmetrisch.

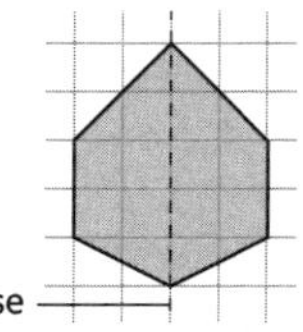

Strecken und Geraden, Seite 33

1

Strecken sind d und g; Geraden sind e, f und b;
a ist eine Halbgerade; die Linie c ist ein Bogen.

2

Die Strecken heißen: $\overline{CD}$; $\overline{DE}$; $\overline{EF}$; $\overline{CE}$; $\overline{CF}$; $\overline{DF}$

3

a) Die Strecke $\overline{PQ}$ beginnt und endet jeweils an den beiden Punkten P und Q.
b) Die Gerade durch den Punkt C führt über den Punkt C hinaus und kann beliebig gezeichnet werden.
c) Eine Linie von G nach H, die keine Strecke und keine Gerade ist, darf nicht auf dem kürzesten Weg von G nach H führen.

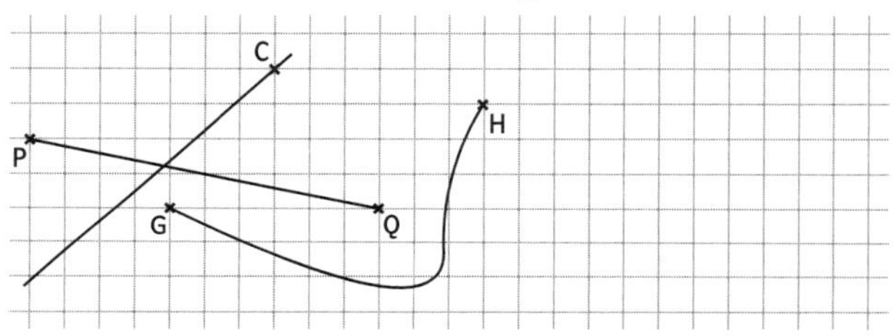

4

Es gibt insgesamt zehn unterschiedliche Streckenverbindungen.
$\overline{AB} = \overline{BA}$; $\overline{AC} = \overline{CA}$; …

$\overline{AB} = \overline{CE} = 3{,}5$ cm;
$\overline{AC} = \overline{BE} = 4{,}0$ cm;
$\overline{AD} = \overline{BD} = 4{,}5$ cm;
$\overline{AE} = \overline{BC} = 2{,}0$ cm;
$\overline{CD} = \overline{DE} = 2{,}8$ cm;

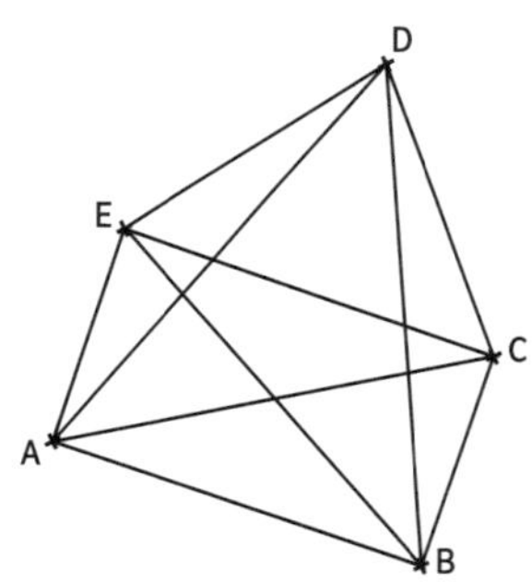

5

Es entstehen insgesamt zehn Felder.

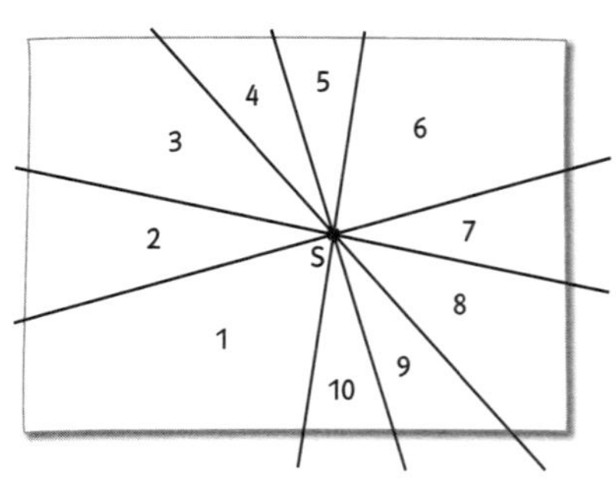

Strecken und Geraden, Seite 34

6

a) Sophie

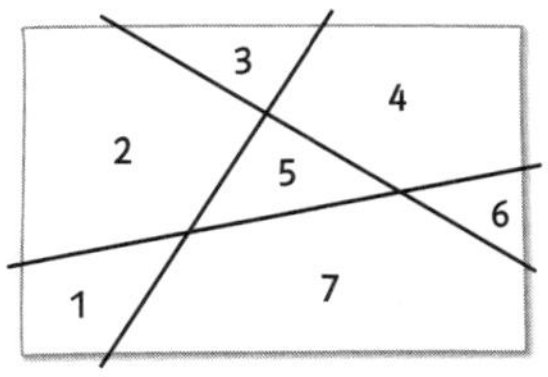

Bei Sophie (links) entstehen drei Schnittpunkte.

b) Max

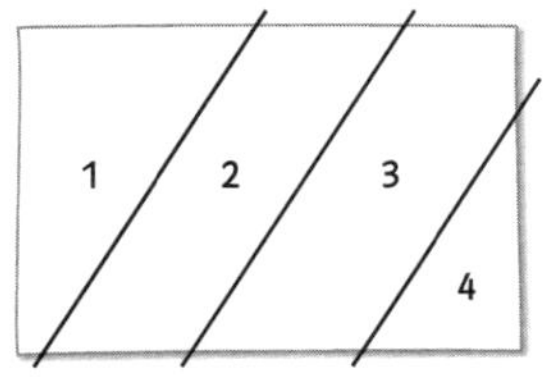

Bei Max (rechts) entstehen keine Schnittpunkte.

7

Man braucht drei Geraden.
Dabei müssen zwei Geraden parallel verlaufen.

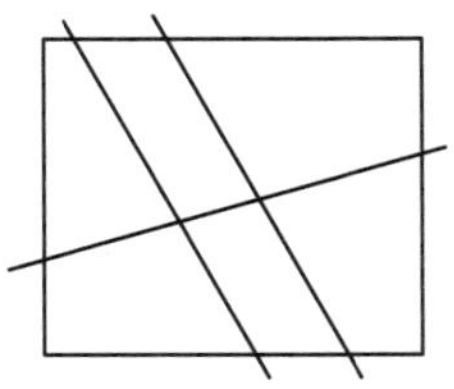

8

a) Bei drei Geraden gibt es höchstens drei Schnittpunkte (siehe Aufgabe 6).
b) Bei vier Geraden gibt es höchstens sechs Schnittpunkte. Bei diesem Beispiel liegt ein Schnittpunkt außerhalb der Zeichenebene.

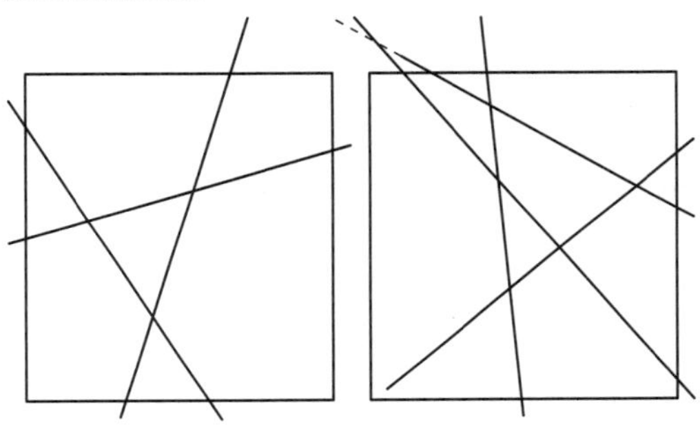

Zueinander senkrecht, Seite 35

1

Achte darauf, exakt zu falten.

2

Beim linken Blatt entstehen durch die Faltlinien acht „rechte Winkel".
Beim rechten Blatt entstehen vier „rechte Winkel".

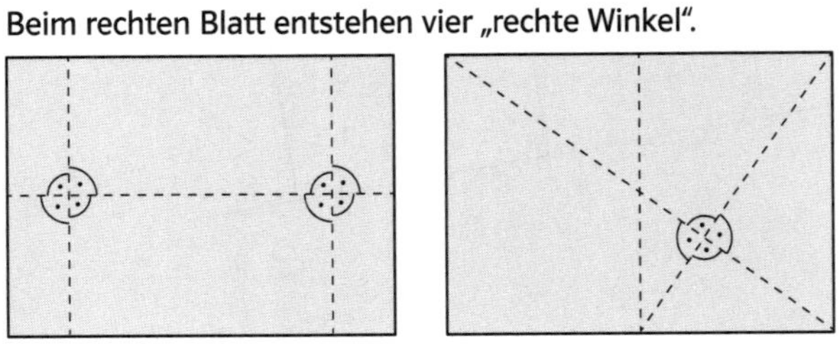

3

Zueinander senkrecht sind: $e \perp h$; $a \perp h$; $c \perp h$ und $b \perp g$

4

Individuelle Lösung, ein Beispiel ist Aufgabe 5.

5

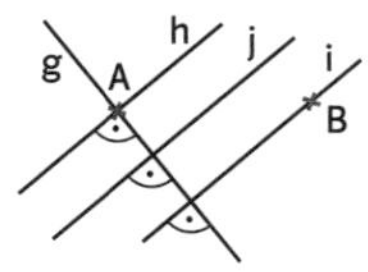

Parallel, Seite 36

1

$a \parallel b$ und $d \parallel e$
Die Geraden a und c; b und c; d und f sowie e und f haben einen Schnittpunkt außerhalb des Sichtbereiches und sind deshalb nicht parallel.

2

Individuelle Lösung
Die drei Geraden liegen parallel zueinander.

3

Individuelle Lösung

4

a) und b) zum Beispiel:

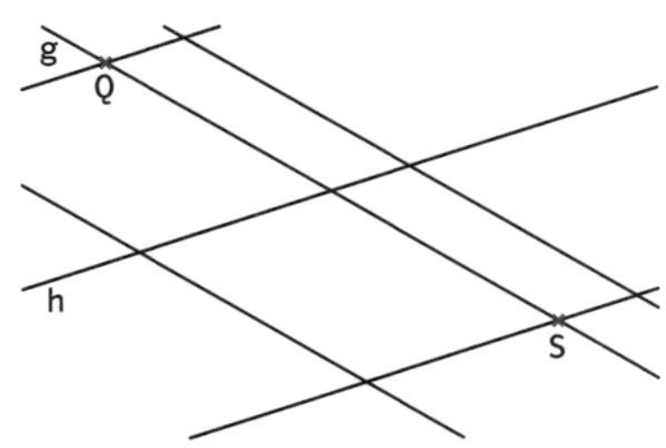

5

Marie hat recht.
Die Geradenpaare schneiden sich.

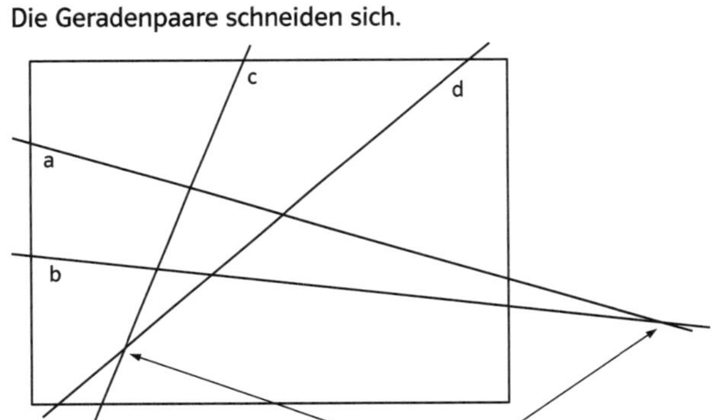

Quadratgitter, Seite 37

1

B(8|2); C(10|10); D(2|12)

2

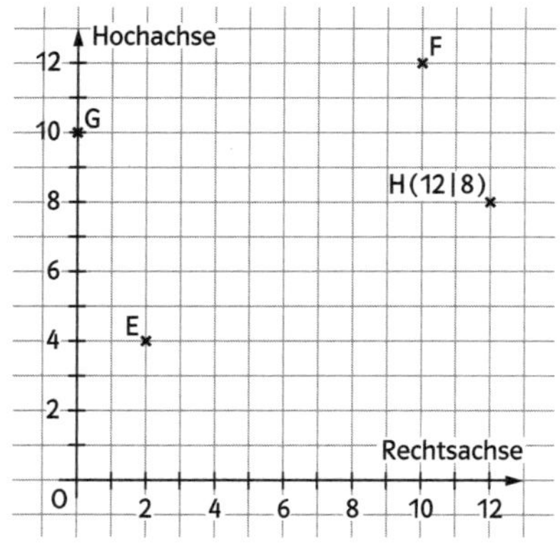

Die Maus muss zwölf Kästchen nach links und acht Kästchen nach unten (oder umgekehrt) gehen.

3

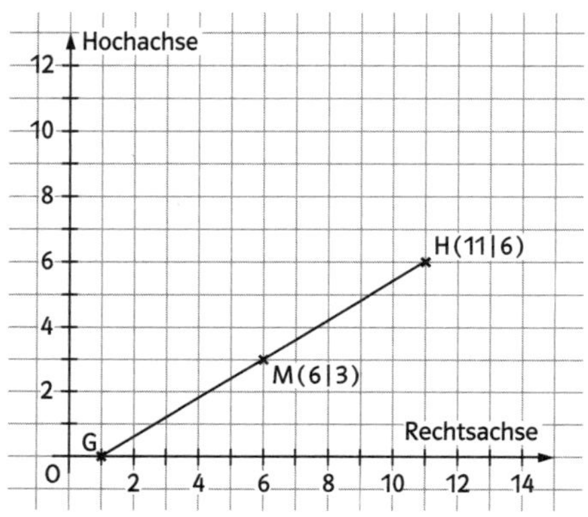

Der Mittelpunkt der Strecke $\overline{GH}$ ist M(6|3).

4

a)

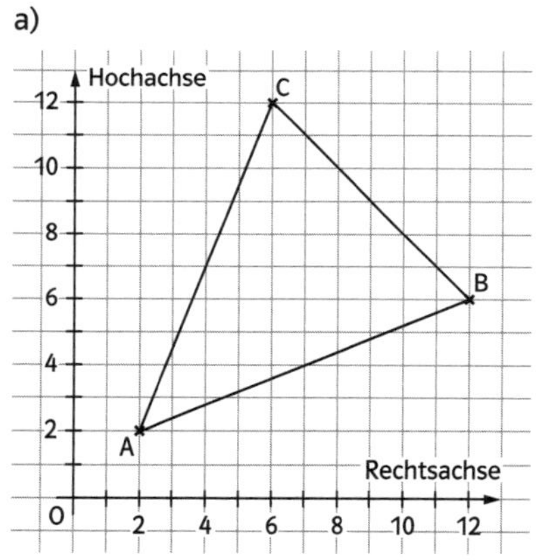

b) Innerhalb des Dreiecks liegen zum Beispiel: (4|4); (6|10); (10|6).
Auf einer Dreiecksseite liegen die Gitterpunkte: (7|4); (11|7); (10|8); (9|9); (8|10); (7|11); (4|7).
Außerhalb des Dreiecks liegen zum Beispiel: (1|5); (4|9); (5|2).

Quadratgitter, Seite 38

5

(12|8) = Maus; (8|2) = Affe; (6|5) = Tiger;
(10|6) = Hund; (4|7) = Esel; (0|2) = Igel;
(11|4) = Schildkröte; (13|1) = Ochse; (2|6) = Löwe
Lösungswort: MATHE IST TOLL

6

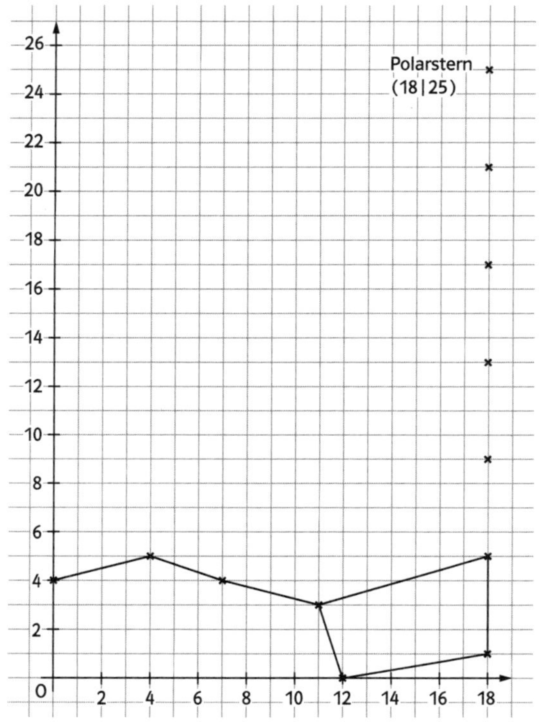

Der Polarstern ist der Punkt (18|25).

Entfernung und Abstand, Seite 39

1

$\overline{SO}$ = 4,8 cm; $\overline{SP}$ = 4,2 cm; $\overline{SQ}$ = 4,5 cm; $\overline{SR}$ = 5,8 cm
Die Strecke zwischen S und P ist die kürzeste Verbindungsstrecke zwischen S und einem Punkt der Geraden g.
Sie steht senkrecht auf g.
Die Länge dieser Strecke heißt Abstand des Punktes S von der Geraden g.

2

Alle gefundenen Punkte liegen auf einer Geraden, die durch den Punkt S geht und parallel zur Geraden g verläuft.
Die Geraden haben einen Abstand von 4,2 cm.

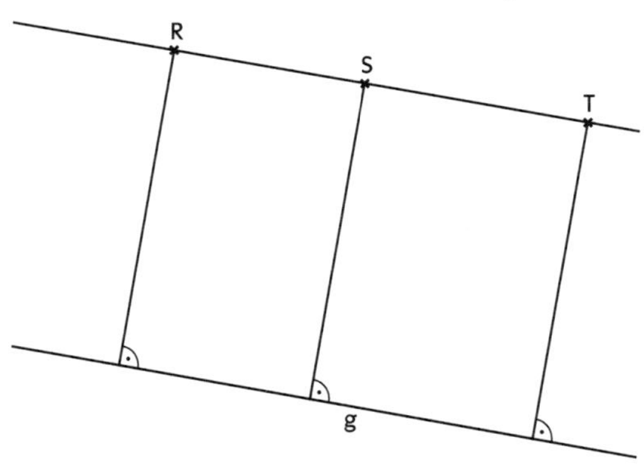

3

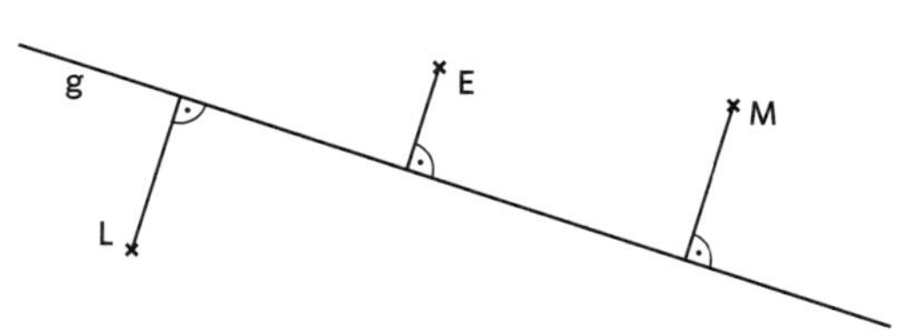

4

a) $\overline{AQ} = 2{,}7\,\text{cm}$; $\overline{BQ} = 3{,}1\,\text{cm}$; $\overline{CQ} = 2{,}5\,\text{cm}$

Die Entfernung von Punkt C zu Punkt Q ist die kürzeste und beträgt 2,5 cm.

b) Die parallele Gerade durch C hat einen Abstand von 2,2 cm und die parallele Gerade durch B hat einen Abstand von 1,9 cm.

Achsensymmetrische Figuren, Seite 40

1

a) Das Viereck hat zwei Symmetrieachsen.

b) Das Achteck hat zwei Symmetrieachsen.

2

Das „Spielstraßen"-Schild ist nicht achsensymmetrisch.

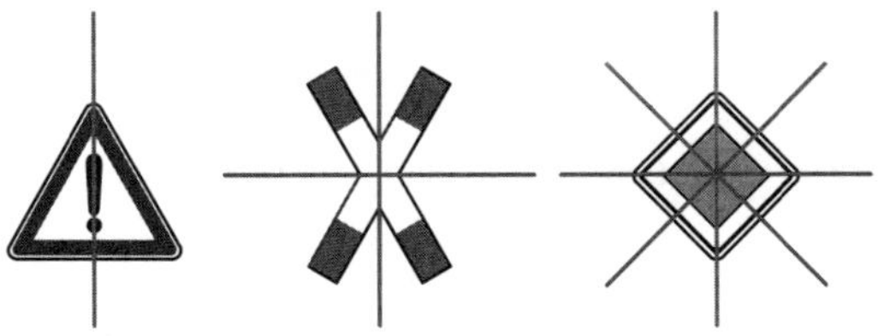

3

a)

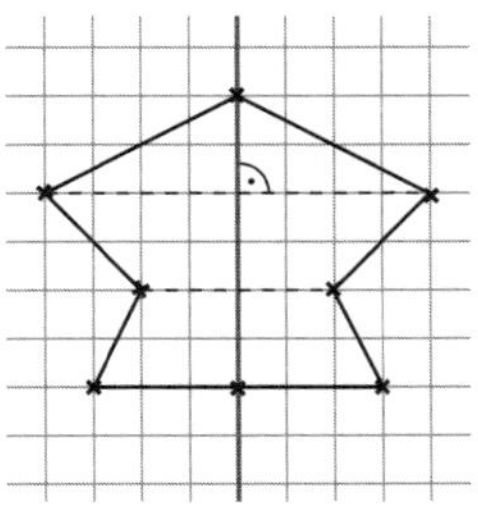

b)

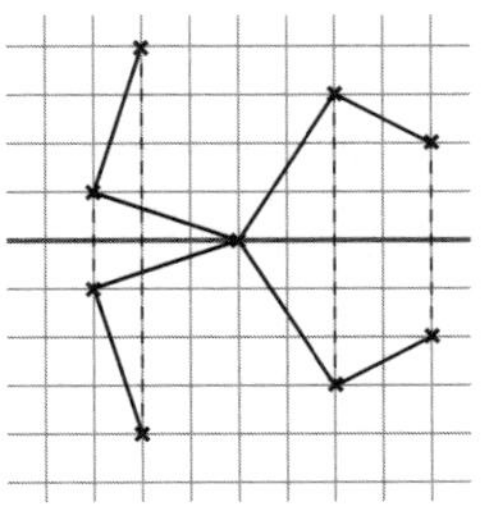

c)

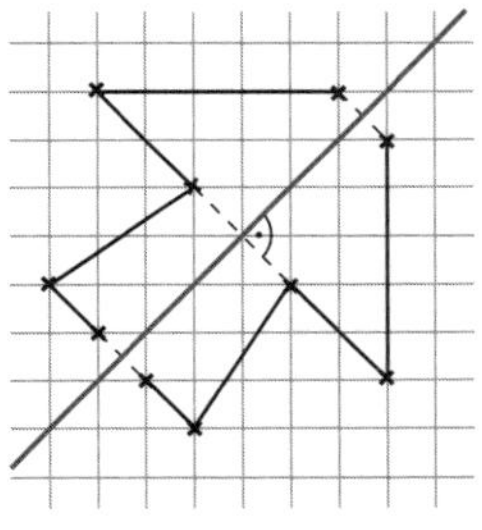

4

a)

A B C D E H I K M O T U V W X Y

b) Individuelle Lösung

c) Individuelle Lösung

Achsensymmetrische Figuren, Seite 41

5

a)

Ziffer	0	1	3	8
Anzahl der Symmetrieachsen	2	2	1	2

b) Beispiele: 33; 83; 13

c) Beispiele: 188; 888

6

Brett- oder Ballspiel	Anzahl der Symmetrieachsen
Mühle	4
Fußball	2
Eishockey	2
Dame	2
Handball	2

Bei Spielen, die auf achsensymmetrischen Feldern gespielt werden, haben die Spieler gleiche Chancen.

Punktsymmetrische Figuren, Seite 42

1

Punktsymmetrisch sind die Figuren A, B und D.

2

Die Figuren A und C sind achsensymmetrisch. Alle Figuren sind punktsymmetrisch.

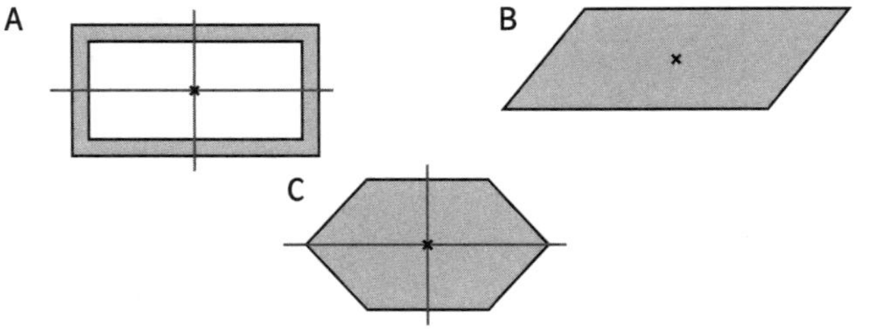

3

a) und b)

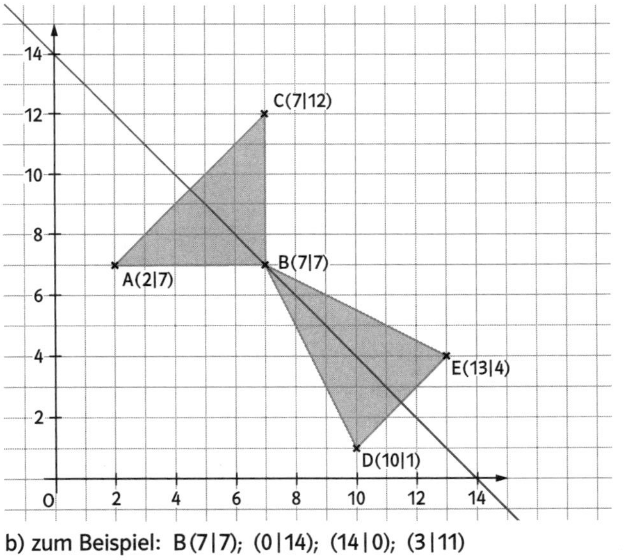

b) zum Beispiel: B(7 | 7); (0 | 14); (14 | 0); (3 | 11)

3

c)

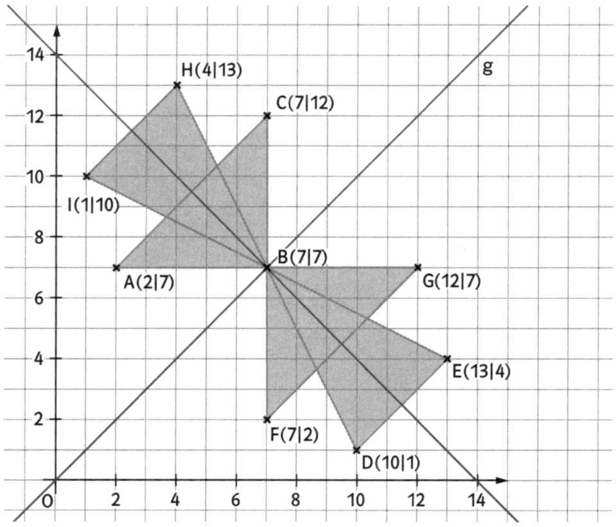

Die entstandene Figur ist punktsymmetrisch. Der Symmetriepunkt ist B(7|7).

4

a) Punktsymmetrisch sind S, N und O. Der Symmetriepunkt liegt jeweils in der Mitte.

b) Im deutschen Alphabet sind insgesamt sieben (Groß-) Buchstaben punktsymmetrisch. Das sind H, I, N, O, S, X und Z.

5

Ergänze die Figur jeweils so, dass sie punktsymmetrisch ist.

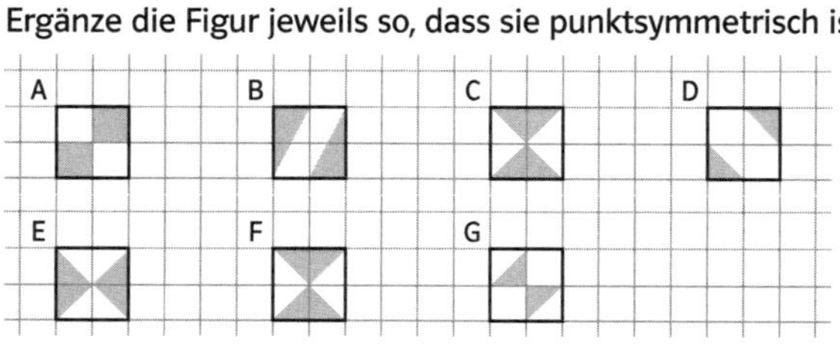

Lernrückblick, Seite 43

1

a) 4 Strecken; 2 Geraden

b) Tina hat recht. Alle farbigen Strecken sind gleich lang.

2

a) Bei den Bildern B und C haben sich Fehler eingeschlichen.
Alexander hat darauf zu achten, dass das Geodreieck mit seinen Hilfslinien richtig angelegt wird.

b) c liegt nicht senkrecht auf a.

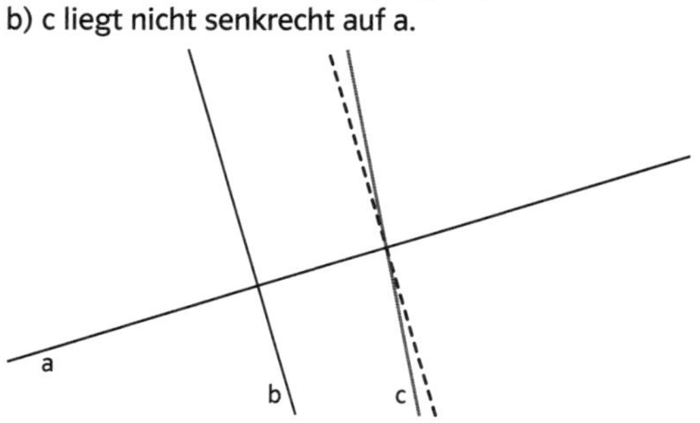

e ist nicht parallel zu d und f.

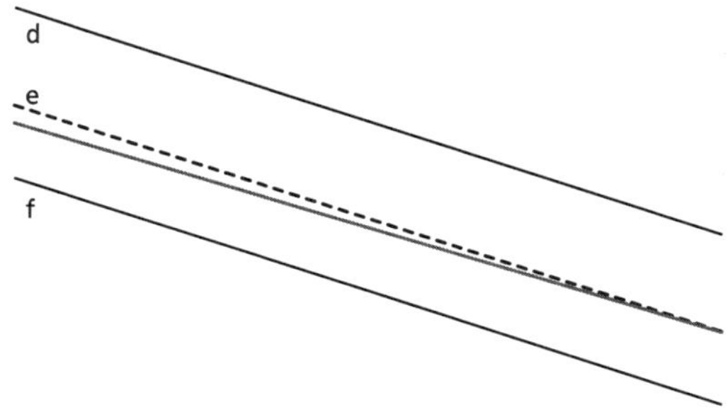

Lernrückblick, Seite 44

3

Die Quadratgitter b) und e) sind richtig gezeichnet.
Bei Quadratgitter a) ist die Einteilung der Rechtsachse nicht gleichmäßig.
Bei Quadratgitter c) beginnt die Einteilung der Hochachse nicht bei Null.
Bei Quadratgitter d) wurde der Rechtswert und der Hochwert des Punktes P vertauscht.

4

Richtig sind a) und c).

5

Bei den Abbildungen A und D wurde richtig gespiegelt.

6

Richtig sind alle drei Behauptungen.
Die abgebildete Karte stammt aus einem amerikanischen Kartenspiel.

5 Flächen und Körper

Selbsteinschätzung, Seite 45

1

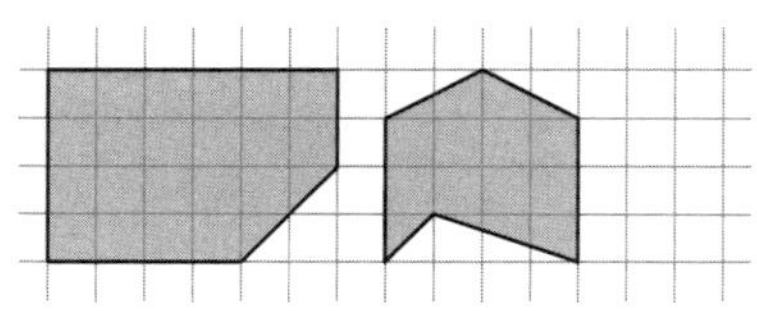

2

Folgende Formen sind zu erkennen:

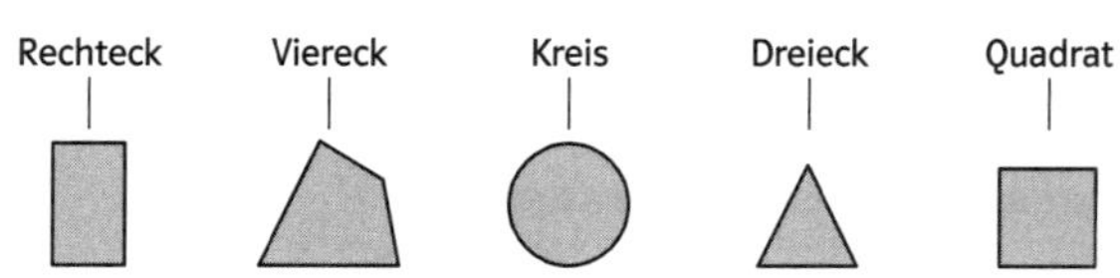

3

Rechtecke sind: A + C, da jedes Quadrat auch ein Rechteck ist. Ein Quadrat liegt bei Figur C vor, auch wenn das Quadrat auf dem „Kopf" steht.

Selbsteinschätzung, Seite 46

4

a) b)

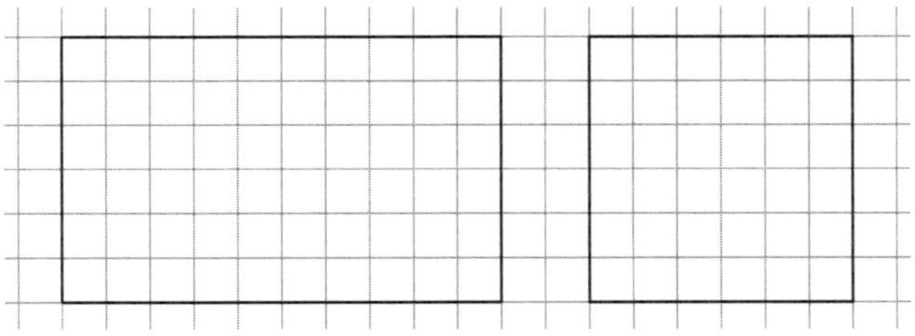

5

Dose – Zylinder
Spielwürfel – Würfel
Kirchturmspitze – Pyramide
Eistüte – Kegel
Handball – Kugel
Streichholzschachtel – Quader

6

	Anzahl Ecken	Anzahl Kanten	Anzahl Flächen	Formen der Seitenflächen
Würfel	8	12	6	Quadrate
Quader	8	12	6	Rechtecke und Quadrate sind möglich

7

Die Raupe kommt bei Punkt B an.

8

a) Das Netz gehört zu einem Quader.
b) Das Netz gehört zu einem Würfel.

Rechteck und Quadrat, Seite 47

1

a) Für jede Figur benötigst du zwölf Streichhölzer.
b) Zum Beispiel:

Rechteck 1:

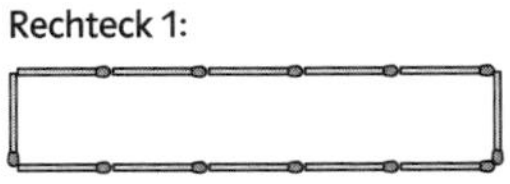

Rechteck 2:

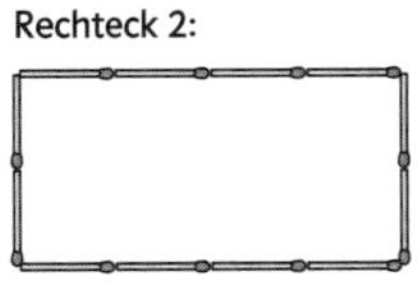

c) Quadrat:

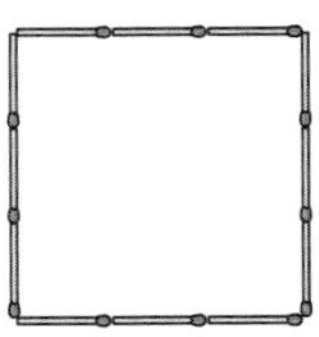

2

Rechtecke sind A; B; E; F und G.
Quadrate sind B; E und F.
Da jedes Quadrat auch ein Rechteck ist, sind Doppelbelegungen möglich.

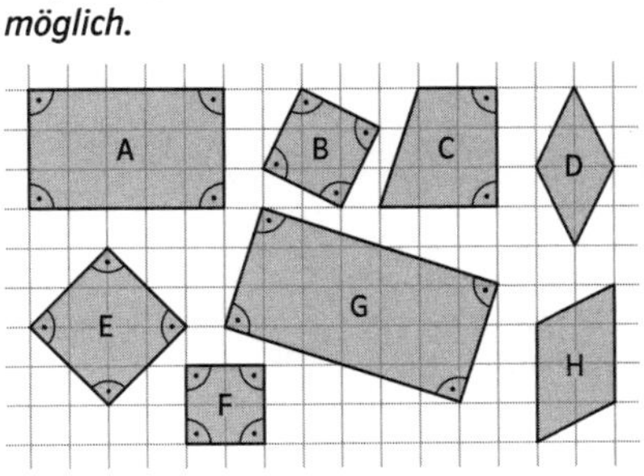

3

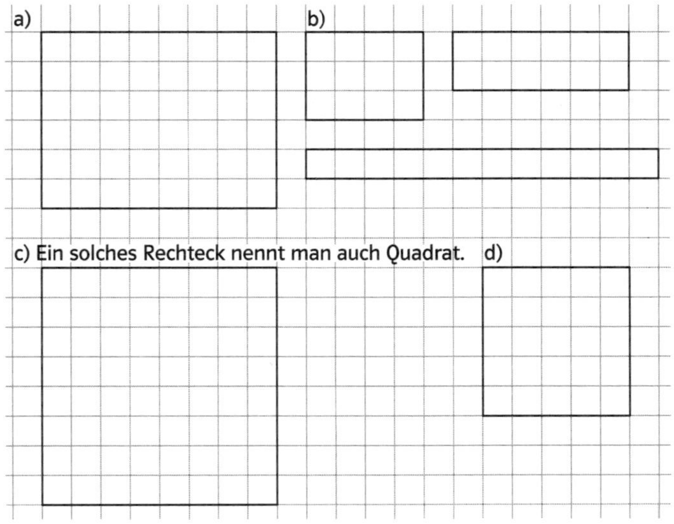

4

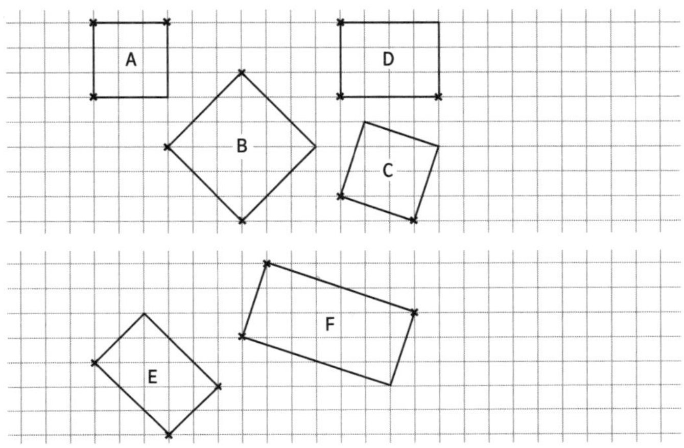

5

Jedes Quadrat ist auch ein Rechteck.
Die fehlenden Punkte heißen:
a) D(2|6) b) H(4|8) c) K(0|4); N(0|8)

Parallelogramm und Raute, Seite 48

1

Benjamin hat recht.
Alle Vierecke haben gleich lange Seiten.
Gegenüberliegende Seiten sind zueinander parallel.

2

Nur bei der Bahnschranke ganz rechts ist keine Raute abgebildet.

3

a) A; B; C; D; E und H sind Parallelogramme.
b) Rechtecke sind A und D; Quadrate sind D;
Rauten sind C und D.

4

Den Punkt D erhält man, indem man von Punkt A aus ein Kästchen nach oben und fünf Kästchen nach links oder von Punkt C aus vier Kästchen nach unten und acht Kästchen nach links abzählt.

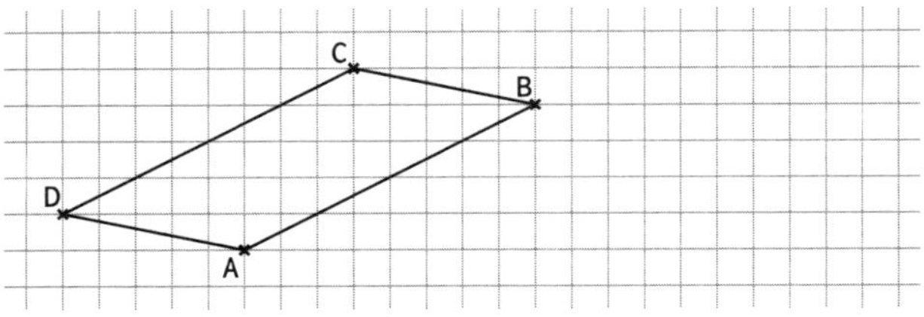

5

Zweite Lösung bei Figur C.

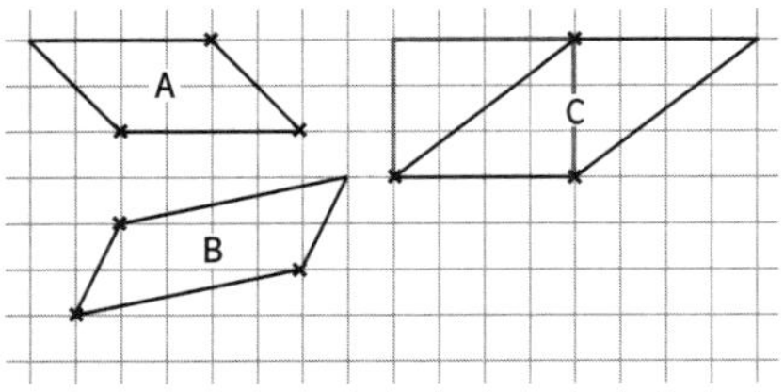

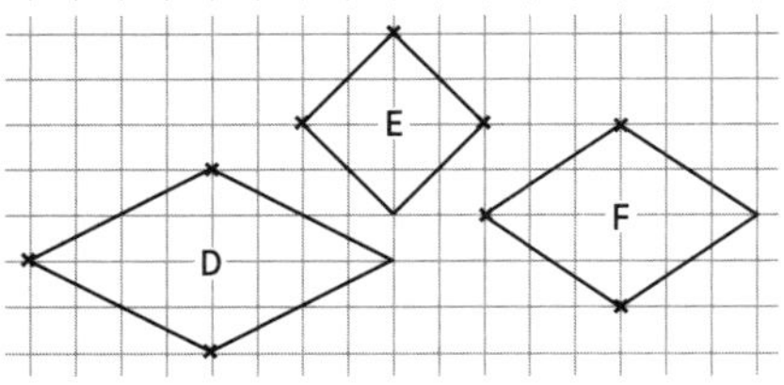

Noch mehr Vierecke, Seite 49

1

Ein Drachen und ein symmetrisches Trapez sind zu erkennen.

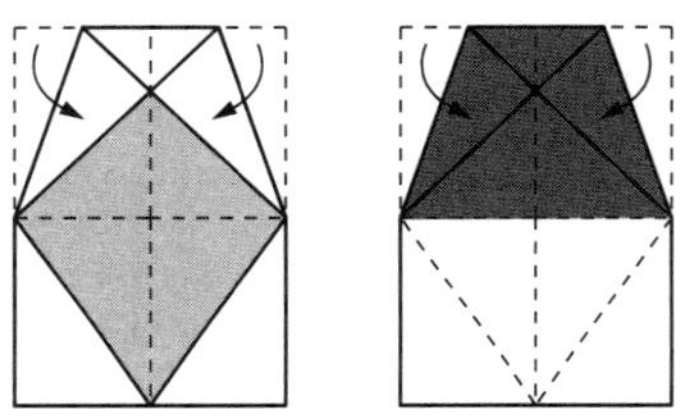

2

a) B; C und D sind Drachen.
b) A und E sind symmetrische Trapeze.
c) Das Viereck C ist ein Drachen, weil die Figur eine Symmetrieachse hat und zwei anliegende Seiten die gleiche Länge aufweisen.

3

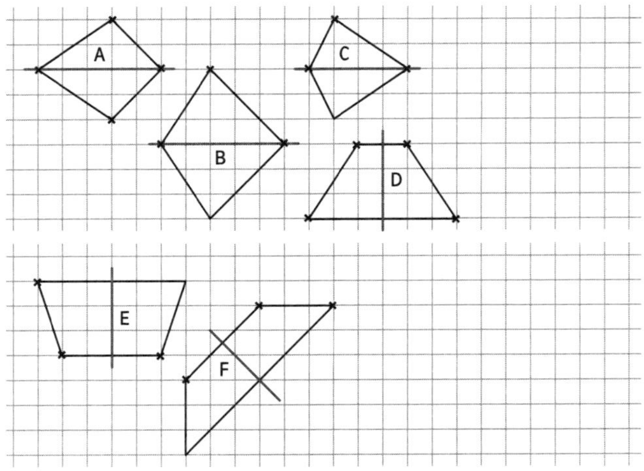

4

Siehe Tabelle 1.

Würfel, Seite 50

1

a) und b)

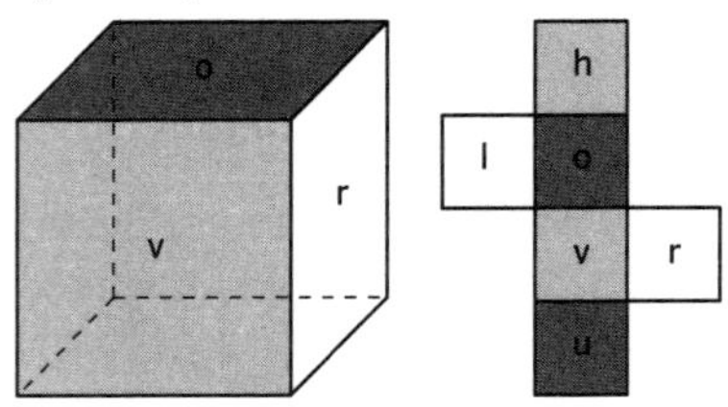

2

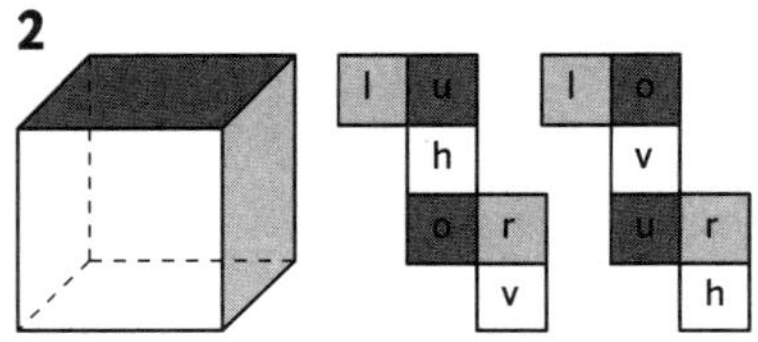

3

a)

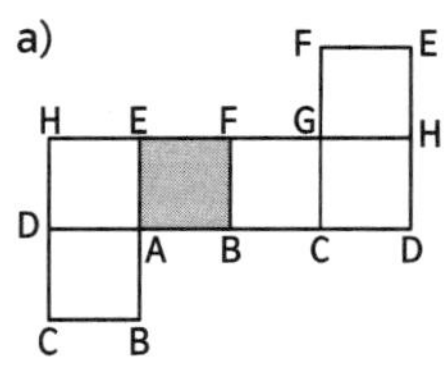

b)

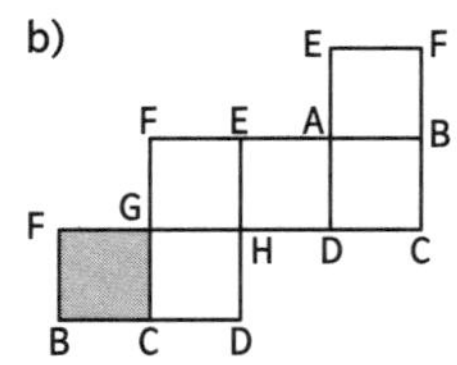

a) Das Viereck hat vier rechte Winkel.	x	x				
b) Dieses Viereck hat keinen rechten Winkel und zwei Paare zueinander paralleler Seiten.			x	x		
c) Dieses Viereck hat nur eine Symmetrieachse.					x	x
d) Dieses Viereck hat vier gleich lange Seiten, aber keinen rechten Winkel.				x		
e) Dieses Viereck hat keinen rechten Winkel und nur ein Paar zueinander paralleler Seiten.						x

Tabelle 1

4

Zum Beispiel:

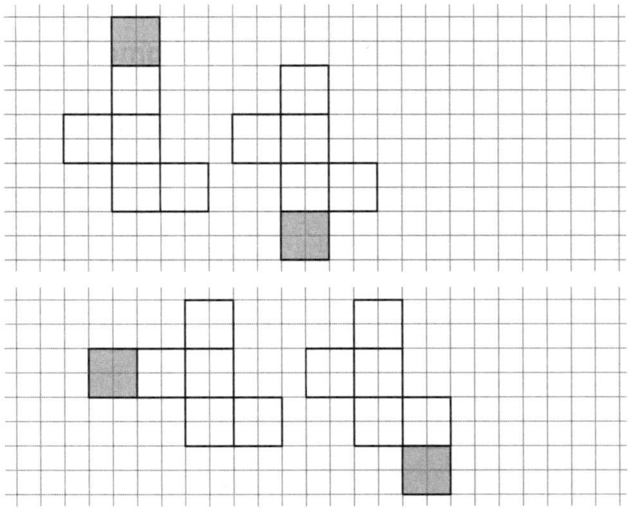

5

Würfelnetze sind A, B und D.
C ist kein Würfelnetz.

Quader, Seite 51

1

Die beiden grauen Teile sind ihr nicht gelungen.

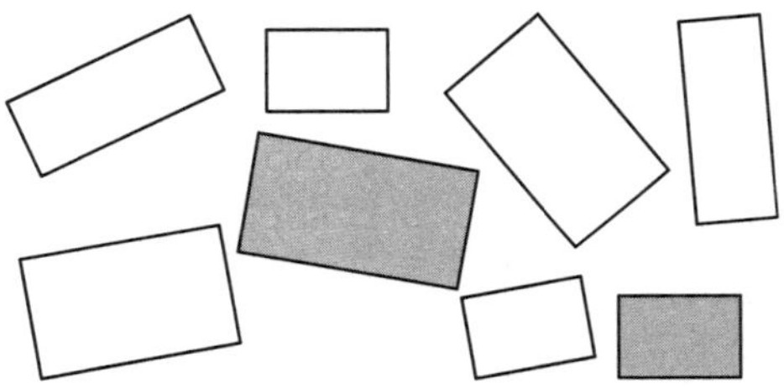

2

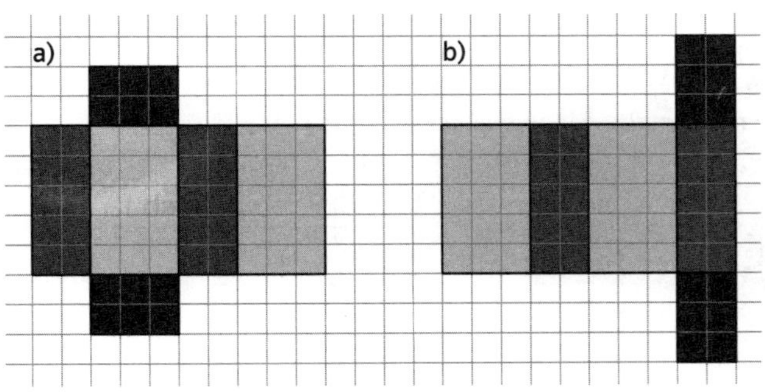

3

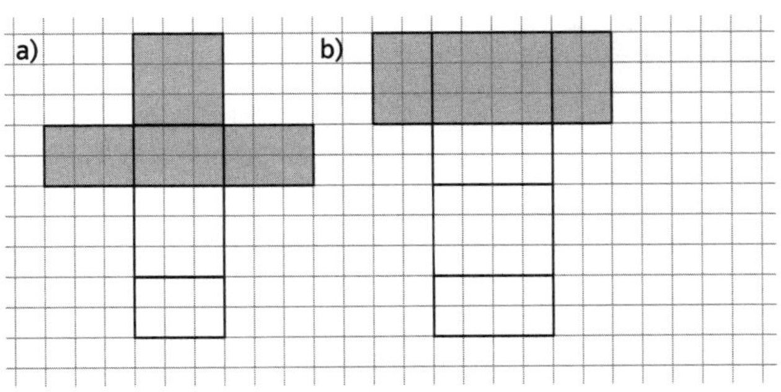

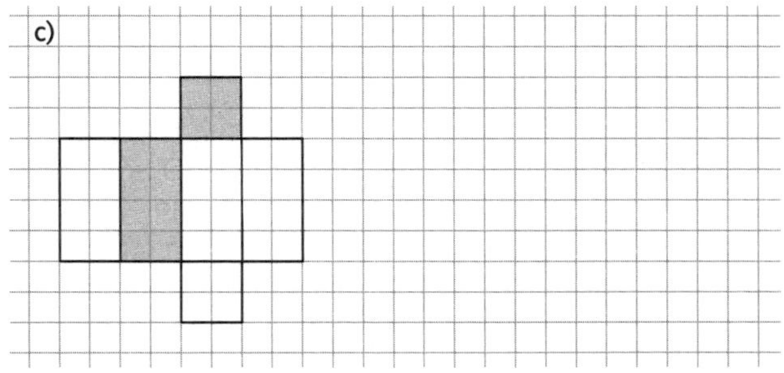

4

a)

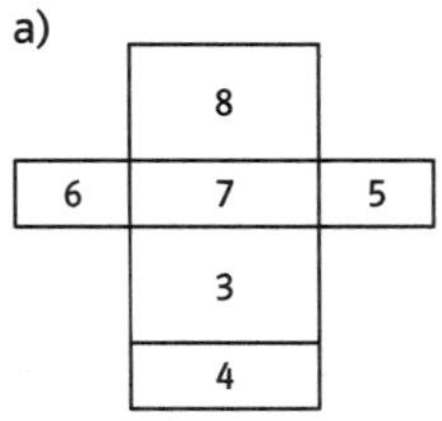

b)

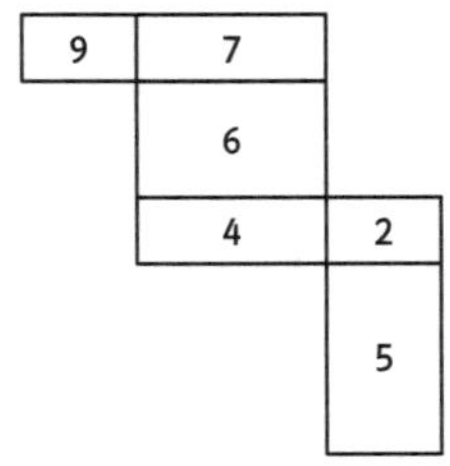

c)

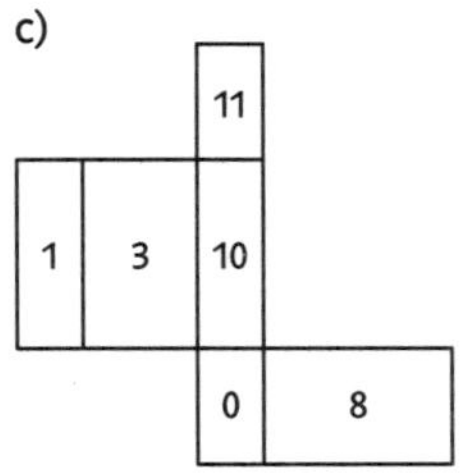

Würfel und Quader im Schrägbild, Seite 52

1

Das Bild B entspricht dem Schrägbild eines Würfels wie es im Schülerbuch festgelegt wurde.

	Die Vorder- und Hinterfläche sind ein … mit gleichen Maßen	Verdeckte Kanten sind … gezeichnet
A	Quadrat	nicht gestrichelt
B	Quadrat	gestrichelt
C	Quadrat	gestrichelt
D	Quadrat	gestrichelt

	Nach hinten laufende Kanten führen … nach … oben	Nach hinten laufende Kanten haben … Länge
A	schräg nach rechts oben	halbe
B	schräg nach rechts oben	halbe
C	schräg nach links oben	halbe
D	zu flach nach rechts oben	mehr als halbe

2

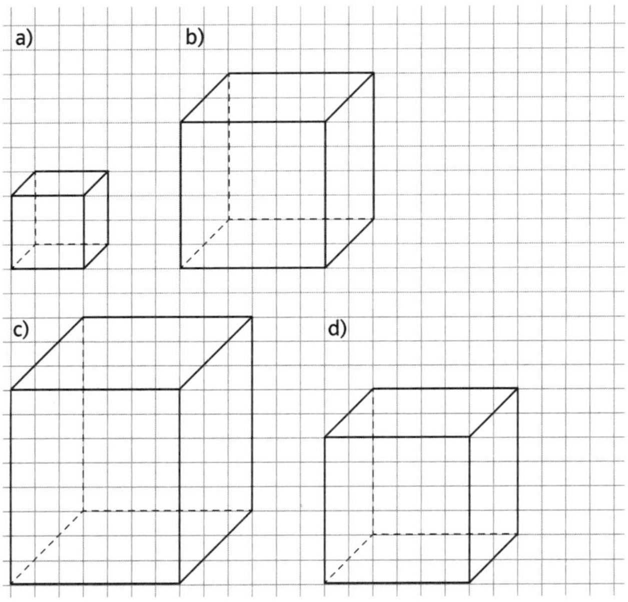

3

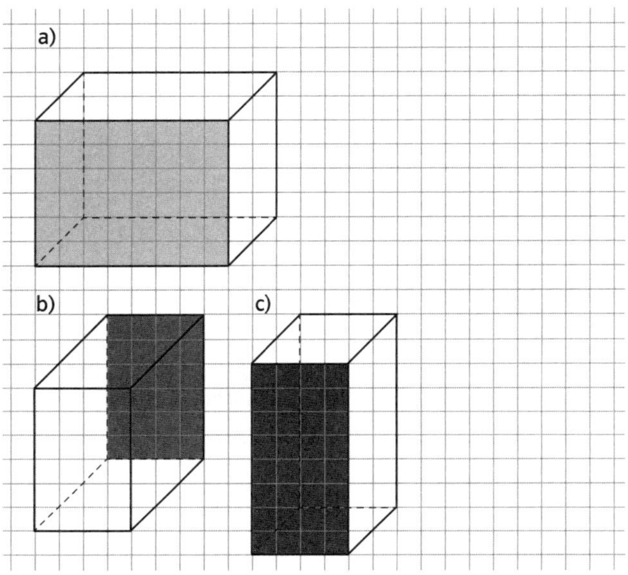

Lernrückblick, Seite 53

1

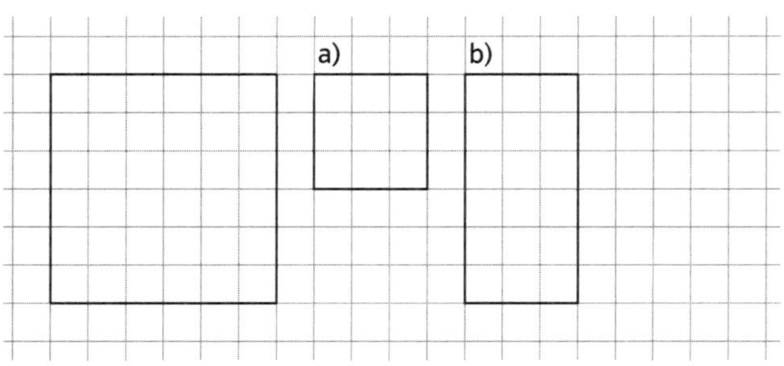

2

Richtig sind a) und c).
Falsch sind b) und d).

3

Stella hat nicht recht. Es handelt sich hier um ein Parallelogramm. Die rechten Winkel gehören nicht zu den Winkeln des Parallelogramms, sondern gehören zu denen der Geodreiecke.

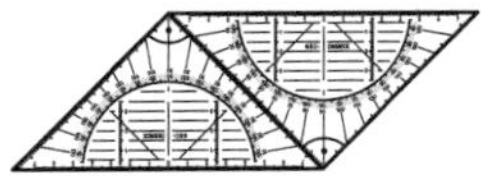

4

Ergänzung zu
a) einem Parallelogramm

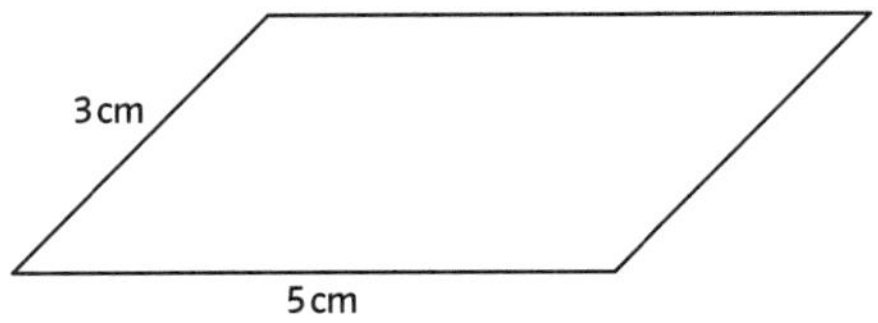

b) einer Raute

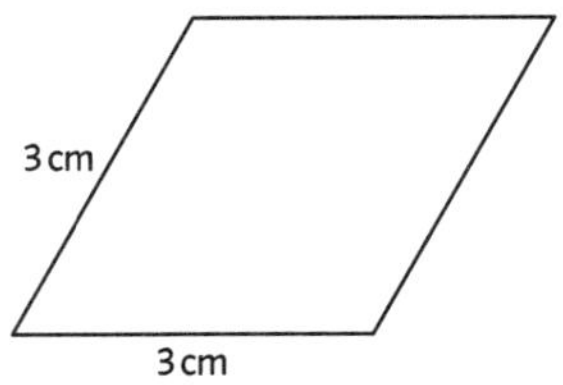

Lernrückblick, Seite 54

5

a) Katharina hat recht.
Das entstandene Viereck ist sowohl eine Raute, als auch ein Quadrat.

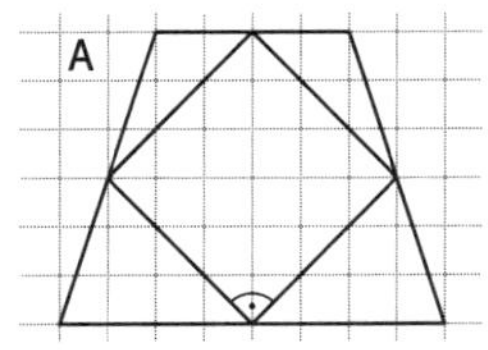

b) Christian hat nicht recht.
Das entstandene Viereck ist eine Raute, jedoch kein Quadrat.

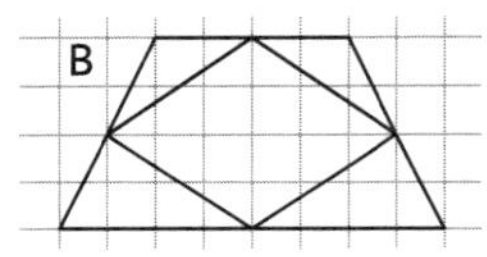

6

Ergänzungen der abgebildeten Würfelnetze.

a)

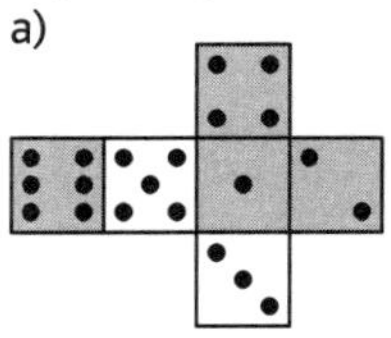

b)

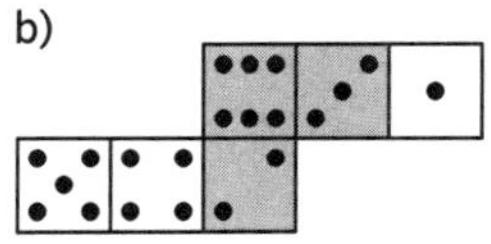

c)

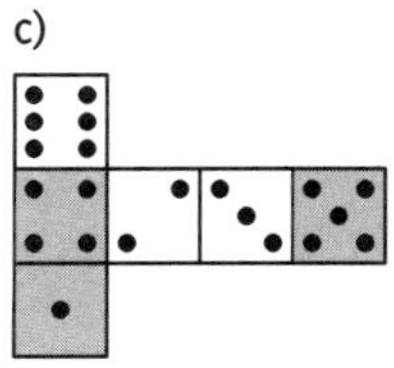

7

Richtig sind c) und e).
Falsch sind a), b) und d).

8

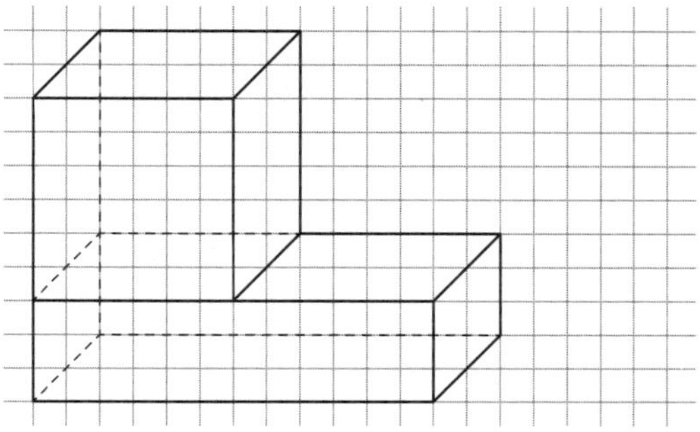

6 Größen

Selbsteinschätzung, Seite 55

1

Geld: Euro (€); Cent (ct)
Länge: Dezimeter (dm); Zentimeter (cm); Kilometer (km); Millimeter (mm)
Gewicht: Tonne (t); Kilogramm (kg); Gramm (g)
Zeit: Stunde (h); Sekunde (s); Minute (min)

2

Mann – 80 kg; Füller – 15 cm; Turm – 50 m; Elefant – 4 t

3

a) 200 ct + 30 ct = 230 ct
b) 3,00 € + 4,50 € = 7,50 €
c) 1 € 25 ct + 2 € 50 ct = 3,75 €
d) 80 ct + 9 ct = 89 ct

4

a) 1 h = 60 min b) 1 min = 60 s
c) 48 h = 2 d (engl.: days – Tage)
d) 180 min = 3 h e) $\frac{1}{2}$h = 30 min f) 75 min = 1,25 h

Selbsteinschätzung, Seite 56

5

Abfahrt	Ankunft	Fahrtdauer
07:00 Uhr	21:00 Uhr	14 Stunden (14 h)
09:30 Uhr	11:00 Uhr	1 Stunde 30 Minuten (1 h 30 min)
10:45 Uhr	12:15 Uhr	1 Stunde 30 Minuten (1 h 30 min)
11:23 Uhr	13:42 Uhr	2 Stunden 19 Minuten (2 h 19 min)

6

a) 1 t = 1000 kg
b) 1 kg = 1000 g
c) 2 kg + 600 g = 2000 g + 600 g = 2600 g
d) 900 g + 4,2 kg = 0,9 kg + 4,2 kg = 5,1 kg
e) 0,2 t + 150 kg + 2000 g = 200 kg + 150 kg + 2 kg = 352 kg
f) 5000 g + 250 kg = 5 kg + 250 kg = 0,005 t + 0,25 t = 0,255 t

7

a) 1 km = 1000 m
b) 1 m = 100 cm
c) 10 cm + 8 mm = 100 mm + 8 mm = 108 mm
d) 6 dm + 2 cm + 80 mm = 60 cm + 2 cm + 8 cm = 70 cm
e) 250 mm + 3,5 dm = 25 cm + 35 cm = 60 cm
f) 0,5 km + 110 m = 500 m + 110 m = 610 m

8

a) Die Strecke auf der Karte ist 2 cm lang.
Bei einem Maßstab von 1 : 2500 entsprechen diese 2 cm in Wirklichkeit 50 m.
b) Die Strecke auf der Karte ist 2 cm lang.
Bei einem Maßstab von 1 : 5000 entsprechen diese 2 cm in Wirklichkeit 100 m.
c) Die Strecke auf der Karte ist 5,5 cm lang.
Der Maßstab 1 : 7 500 000 passt.

9

Mit Simon sind es sechs Personen. Drei Freunde und Simon müssen 6,00 € Eintritt zahlen.
Rechnung: 2 · 3,00 € + 4 · 6,00 € = 6,00 € + 24,00 € = 30,00 €
Restgeld: 50,00 € – 30,00 € = 20,00 €
Simon erhält 20,00 € zurück.

Geld, Seite 57

1

	in € und ct	in € mit Komma	in ct
a)	1 € 50 ct	1,50 €	150 ct
b)	3 € 20 ct	3,20 €	320 ct
c)	7 € 35 ct	7,35 €	735 ct
d)	4 € 16 ct	4,16 €	416 ct
e)	0 € 82 ct	0,82 €	82 ct
f)	0 € 6 ct	0,06 €	6 ct

2

a) 4,50 € + 1,25 € + 1,45 € = 450 ct + 125 ct + 145 ct = 720 ct
b) 10,15 € + 0,50 € + 6,05 € = 1015 ct + 50 ct + 605 ct = 1670 ct
c) 0,47 € + 0,09 € + 3,00 € + 0,05 € = 47 ct + 9 ct + 300 ct + 5 ct = 361 ct

3

a)	b)	c)
2,50 €	8,05 €	7,00 €
+0,25 €	+0,50 €	+0,09 €
+1,75 €	+2,39 €	+0,20 €
1 1	1 1	
4,50 €	10,94 €	7,29 €

4

a) Zum Beispiel:
3 · 1,30 € ≈ 4,00 € für die drei Packungen Zucker,
3,30 € für die Marmelade und 1,70 € für die Butter.
Zusammen sind das 4,00 € + 3,30 € + 1,70 € = 9,00 €.
Der 10-€-Schein reicht für den Einkauf.
b) 3 · 1,29 € + 3,29 € + 1,69 € = 8,85 €
c) Lisa bekommt 1 € und 15 ct zurück.
Mögliche Münzenkombination: eine 1-€-Münze, eine 10-ct-Münze und eine 5-ct-Münze oder eine 1-€-Münze und drei 5-ct-Münzen.

Zeit, Seite 58

1
60 min – 1 h – 3600 s; 12 h – 720 min – 0,5 d;
3 d – 72 h; 4,5 min – 270 s; 9 min – 540 s

2
Ein Musiktitel dauert etwa 3 min 40 s.
200 km Autofahren dauert etwa 2 h 45 min.
1 km Wandern dauert etwa 14 min.
Ein Schulvormittag dauert etwa 5 h.

3
a) 120 min = 2 h b) 1,5 h = 90 min
c) 12 min = 720 s d) 2 d = 48 h
e) 660 s = 11 min f) 72 h = 3 d
g) 30 s = 0,5 min h) 2 h = 7200 s

4
a) 100 s = 1 min 40 s b) 85 min = 1 h 25 min
c) 70 s = 1 min 10 s d) 310 min = 5 h 10 min
e) 25 h = 1 d 1 h f) 425 s = 7 min 5 s
g) 100 h = 4 d 4 h h) 1000 min = 16 h 40 min

5
a) 08:00 Uhr —37 min→ 08:37 Uhr
b) 09:12 Uhr —46 min→ 09:58 Uhr
c) 10:45 Uhr —107 min→ 12:32 Uhr
d) 06:11 Uhr —7 h 54 min→ 14:05 Uhr

6
a) 5 s b) 20 min c) 4 h
d) 43 min e) 6 h f) 52 s

7
individuelle Lösung

Zeit, Seite 59

8
a) 50 min b) 5 h c) 4 h 30 min
d) 9 h 20 min e) 9 h 48 min

9
Albert Einstein wurde 76 Jahre alt.
Konrad Adenauer wurde 91 Jahre alt.

10
a) Die Reihenfolge ist (vom jüngsten zum ältesten Kind):
Kim – Leander – Celina – Sarah – Niklas
b) Das jüngste Kind ist Kim, das älteste Niklas. Dazwischen liegen 17 Monate und 18 Tage.

11
a) Die Fahrt von „Hummelberg" nach „Schützingen Große Gasse" dauert 12 Minuten.
b) Die Fahrt dauert immer gleich lang, egal welchen Bus man nimmt.

Gewicht, Seite 60

1
Auto – 1,4 t Mehl – 0,5 kg
Schokolade – 100 g Klavier – 250 kg

2
1 t = 1000 kg 1 kg = 1000 g 1 g = 1000 mg

3
1 t = 1000 kg | F 500 g = 0,5 kg | E
2 g = 2000 mg | D 3 kg = 3000 g | E
1250 g = 1,25 kg | R 1,5 kg = 1500 g | W
4 t = 4 000 000 g | A 8,5 t = 8500 kg | A
0,04 kg = 40 g | G 880 mg = 0,88 g | E

Lösungswort: FEDERWAAGE

4
a) 2 kg = 2000 g b) 12 t = 12 000 kg
c) 7 g = 7000 mg d) 2500 g = 2,5 kg
e) 900 kg = 0,9 t f) 250 mg = 0,25 g
g) 1 kg = 1 000 000 mg h) 0,6 kg = 600 g
i) 0,05 t = 50 kg j) 0,003 g = 3 mg

5
a)

Tonne	Kilogramm	Gramm	Milligramm
0,004 t	4 kg	4000 g	4 000 000 mg
0,000 15 t	0,15 kg	150 g	150 000 mg
0,000 009 t	0,009 kg	9 g	9 000 mg
0,000 635 t	0,635 kg	635 g	635 000 mg
0,074 42 t	74,42 kg	74 420 g	74 420 000 mg

b) Ein Feldhamster wiegt 635 g, eine Fledermaus 150 g, eine Katze 4 kg, ein Wildschwein 74 kg und eine Ameise 9 g.

Gewicht, Seite 61

6
a) 1 kg 500 g = 1,5 kg b) 3 t 100 kg = 3,1 t
c) 6 kg 250 g = 6,25 kg d) 700 kg = 0,7 t
e) 2 t 50 kg = 2,05 t f) 3 kg 5 g = 3,005 kg
g) 0,5 kg 122 g = 0,622 kg h) 1 kg 400 g 600 mg = 1400,6 g

7
a) 4 kg + 390 g + 1200 g = 4000 g + 390 g + 1200 g = 5590 g
b) 123 g + 0,3 kg + 858 g = 123 g + 300 g + 858 g = 1281 g
c) 2300 mg + 50 g + 0,75 kg = 2,3 g + 50 g + 750 g = 802,3 g
d) 5590 g = 5,59 kg; 1281 g = 1,281 kg; 802,3 g = 0,8023 kg

8
a) 30 000 1-Cent-Münzen wiegen 69 000 g oder 69 kg.
b) 30 000 2-Euro-Münzen wiegen 255 000 g oder 255 kg.

9
100 000 g sind 100 kg.
100 kg müssen auf vier gleiche Teile verteilt werden.
Daher wiegt Lisa 25 kg und ihr Vater 75 kg.

Längen, Seite 62

1
1 km = 1000 m
1 m = 10 dm = 100 cm = 1000 mm
1 dm = 10 cm = 100 mm
1 cm = 10 mm

2
a) 3 km = 3000 m b) 2 m = 200 cm c) 6 cm = 60 mm
d) 4 dm = 40 cm e) 1,1 m = 11 dm f) 3,9 m = 390 cm
g) 1 m = 1000 mm h) 0,62 km = 620 m i) 2,05 m = 20,5 dm

3
Siehe Figur 1.
Zum Beispiel: Auch andere Einheiten sind möglich.

4
a) 4 m 2 dm = 4,2 m
b) 3 km 100 m = 3,1 km
c) 1 m 6 dm 7 cm = 1,67 m
d) 1 km 260 m = 1,26 km
e) 3 m 12 dm 8 cm = 4,28 m, da 12 dm = 1 m 20 cm
f) 5 m 2 dm 3 cm 8 mm = 5,238 m

5
a) 80 cm + 30 mm + 1 m = 80 cm + 3 cm + 100 cm = 183 cm
= 0,8 m + 0,03 m + 1 m = 1,83 m
b) 75 mm + 3 dm + 18 cm = 7,5 cm + 30 cm + 18 cm = 55,5 cm
= 0,075 m + 0,3 m + 0,18 m = 0,555 m
c) 2,5 m + 12 cm + 5 dm = 250 cm + 12 cm + 50 cm = 312 cm
= 2,5 m + 0,12 m + 0,5 m = 3,12 m
d) 0,4 m + 3,5 dm + 8 cm = 40 cm + 35 cm + 8 cm = 83 cm
= 0,4 m + 0,35 m + 0,08 m = 0,83 m
e) 33 cm + 0,05 m + 50 cm = 33 cm + 5 cm + 50 cm = 88 cm
= 0,33 m + 0,05 m + 0,5 m = 0,88 m
f) 5,0 dm + 500 mm + 0,5 m = 50 cm + 50 cm + 50 cm = 150 cm
= 0,5 m + 0,5 m + 0,5 m = 1,5 m

Maßstab, Seite 63

1
Maßstab 1 : 100 000 bedeutet: 1 cm auf der Karte entsprechen 100 000 cm in Wirklichkeit. Das sind 1000 m.
Maßstab 1 : 200 000 bedeutet: 1 cm auf der Karte entsprechen 200 000 cm in Wirklichkeit. Das sind 2000 m.

2

Maßstab		1 : 10	1 : 5	1 : 2	1 : 4
Länge in der Zeichnung		2 cm	10 cm	6 dm	25 mm
Länge in der Wirklichkeit	mm	200 mm	/	/	100 mm
	cm	20 cm	50 cm	120 cm	10 cm
	dm	2 dm	5 dm	12 dm	1 dm
	m	/	0,5 m	1,2 m	0,1 m

3
Maßstab 1 : 5000 passt zu Teilaufgabe a)
Maßstab 1 : 50 000 passt zu Teilaufgabe d)
Maßstab 1 : 30 000 passt zu Teilaufgabe b)
Maßstab 1 : 10 000 passt zu Teilaufgabe c)

4
1 cm auf der Karte entsprechen 10 km in Wirklichkeit.
a) Alle Städte, die auf der abgebildeten Karte weniger als 2 cm entfernt sind.
Weil der Stadt, Sindelfingen, Stuttgart, Böblingen und Ludwigsburg; Calw liegt etwas über 2 cm entfernt.
b) Deutlich weiter entfernt sind Lauffen, Vaihingen (Enz); Bretten, Pforzheim, Altensteig, Horb, Tübingen, Reutlingen und Nürtingen.

Sachaufgaben, Seite 64

1

Papier wird oft in Packungen zu 500 Blatt verkauft. Eine solche Packung ist 4,5 cm hoch.	Wie hoch wäre ein Turm aus 1 000 000 DIN-A-4-Blättern?	**90 m** 450 m 180 m

Rechenweg:
1 000 000 : 500 (Blatt pro Packung) = 2000 Packungen;
2000 Packungen · 4,5 cm = 9000 cm = 90 m

Portogebühren für Briefe: bis 20 g Gewicht: 0,55 € ab 20 g Gewicht: 0,90 €	Wie viel Porto bezahlt man für zwölf Briefe à 15 g und acht Briefe à 30 g?	20,00 € **13,80 €** 4,20 €

Rechenweg: 12 · 0,55 € + 8 · 0,90 € = 6,60 € + 7,20 € = 13,80 €

Papier wird oft in Packungen zu 500 Blatt verkauft. Eine solche Packung wiegt ca. 2,5 kg.	Wie schwer wäre ein Turm aus 100 000 DIN-A-4-Blättern?	5 t **500 kg** 2500 kg

Rechenweg: 10 000 : 500 (Blatt pro Packung) = 200 Packungen;
200 Packungen · 2,5 kg = 500 kg

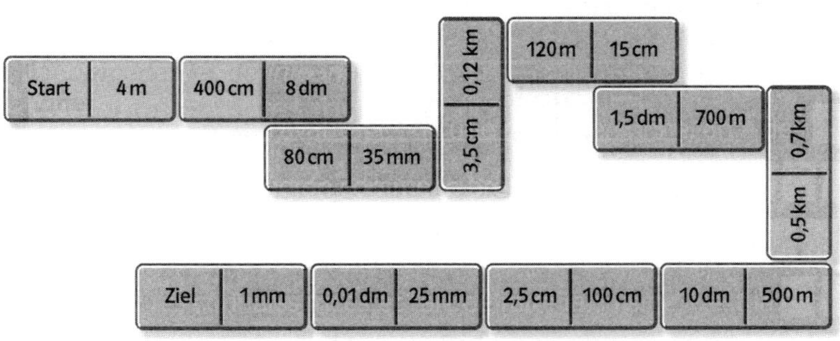

Figur 1

2

gegeben: 3 Personen à 79,00 €, 1 Kind à 39,50 €, 10 Tage
gesucht: Kosten des Urlaubs
Rechnung:
Der Vater, die Mutter und die Tochter bezahlen pro Tag je 79 €; insgesamt $3 \cdot 79\,€ = 237\,€$ pro Tag.
Der Sohn bezahlt pro Tag den halben Preis: 39,50 €, da er jünger als 12 Jahre ist.
Ein Tag kostet die ganze Familie $237\,€ + 39{,}50\,€ = 276{,}50\,€$.
Insgesamt sind sie zehn Tage unterwegs: $276{,}50\,€ \cdot 10$ Tage $= 2765\,€$.
Ergebnissatz: Für die gesamten zehn Tage fallen somit Kosten von 2765 € für die ganze Familie an.

3

Man braucht zwei Packungen Milch, 1 Packung Zucker und 2 Packungen Erdbeeren.
Dadurch fallen Kosten von $2 \cdot 0{,}79\,€ + 2 \cdot 1{,}49\,€ + 0{,}99\,€ = 5{,}55\,€$ für den Einkauf an.
Von der Milch und dem Zucker hat man noch etwas übrig.

Lernrückblick, Seite 65

1

a) 0,2 m b) 0,150 t c) 13,80 €

2

Wir fuhren um **07:20 Uhr** los und mussten bereits um **07:50 Uhr** zum ersten Mal anhalten um zu tanken. Danach dauerte es **180 Minuten** bis wir um **10:50 Uhr** die erste Vesperpause machten. Nach **20 Minuten** fuhren wir weiter. Nach insgesamt **6 Stunden** waren wir dann endlich gegen **13:20 Uhr** an unserem Ziel angekommen.

3

Richtig sind b) und c).
Korrektur a): Die eingezeichnete Strecke ist in Wirklichkeit 150 km lang.
Korrektur d): Stuttgart und Freiburg sind 135 km (Luftlinie) voneinander entfernt.

4

1. Lies zunächst die ganze Aufgabe sorgfältig durch.
2. Entnimm Informationen über gegebene und gesuchte Größen.
3. Schätze das Ergebnis mit einem Überschlag ab.
4. Erstelle einen Plan über die Reihenfolge der Rechenschritte.
5. Führe die Rechenschritte durch.
6. Vergleiche Ergebnis und Überschlag und formuliere einen Ergebnissatz.

7 Brüche

Selbsteinschätzung, Seite 66

1

Saft – ein Halb – $\frac{1}{2}$
Pizza – ein Viertel – $\frac{1}{4}$
Kuchen – ein Achtel – $\frac{1}{8}$

2

a)
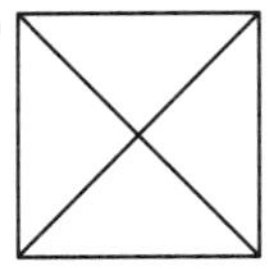
b)
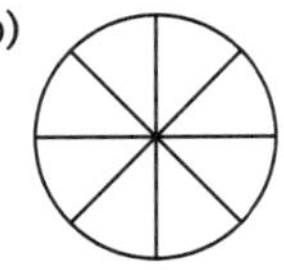
c)
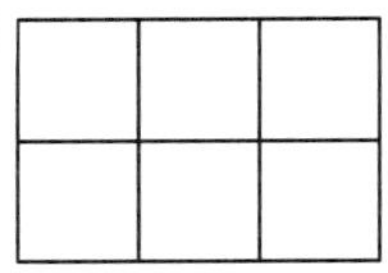
d)
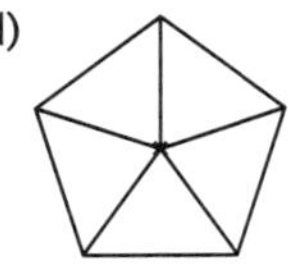

3

a) 1 kg = 1000 g b) 1 t = 1000 kg
c) 0,5 l = 500 ml d) 800 kg = 0,8 t
e) 0,9 m = 90 cm f) 1,2 km = 1200 m
g) 0,3 l = 300 ml h) 25 cm = 2,5 dm
i) 3,7 cm = 37 mm j) 850 g = 0,85 kg
k) 3250 ml = 3,25 l l) 500 mm = 0,5 m

4

a) 1500 m = 1,5 km b) 2100 ml = 2,1 l
c) 75 cm = 0,75 m d) 3400 g = 3,4 kg
e) 1250 g = 1,25 kg f) 5 cm = 0,05 m

Bruchteile erkennen und darstellen, Seite 67

1

	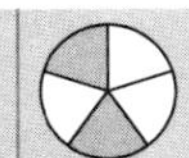	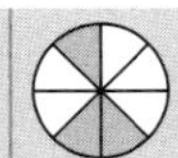	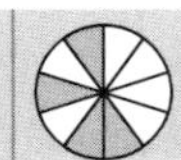	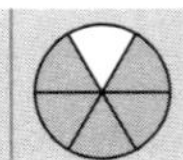
In wie viele gleiche Teile ist der Kreis aufgeteilt?	5	8	10	6
Wie viele dieser Teile sind markiert?	2	3	4	5
Schreibe den markierten Anteil als Bruch.	$\frac{2}{5}$	$\frac{3}{8}$	$\frac{4}{10}$ oder $\frac{2}{5}$	$\frac{5}{6}$

2

a)
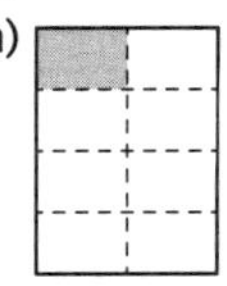
b)
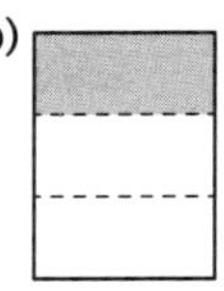
c)
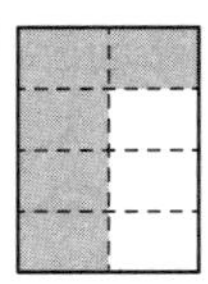
d)
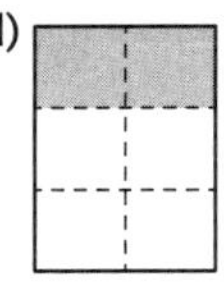

3

a) $\frac{1}{3}$ b) $\frac{2}{4}$ oder $\frac{1}{2}$ c) $\frac{3}{6}$ oder $\frac{1}{2}$
d) $\frac{5}{10}$ oder $\frac{1}{2}$ e) $\frac{7}{8}$ f) $\frac{1}{8}$

4

a)

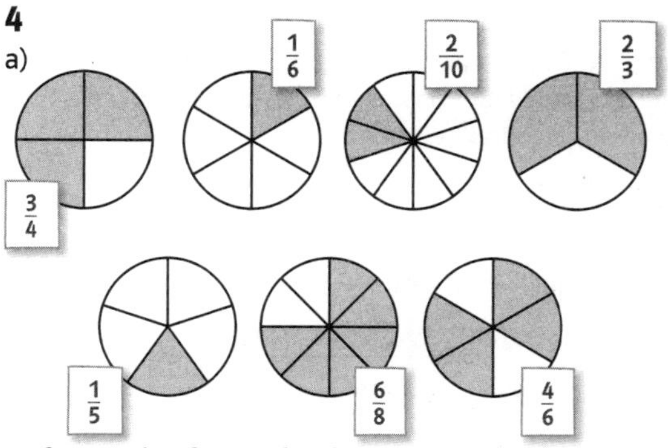

b) $\frac{2}{10}$ und $\frac{1}{5}$; $\frac{3}{4}$ und $\frac{6}{8}$; $\frac{2}{3}$ und $\frac{4}{6}$

Bruchteile erkennen und darstellen, Seite 68

5

a) $\frac{2}{4}$ oder $\frac{1}{2}$ b) $\frac{2}{8}$ oder $\frac{1}{4}$ c) $\frac{6}{16}$ oder $\frac{3}{8}$

d) $\frac{3}{8}$ e) $\frac{8}{16}$ oder $\frac{1}{2}$ f) $\frac{9}{64}$

6

Zum Beispiel:

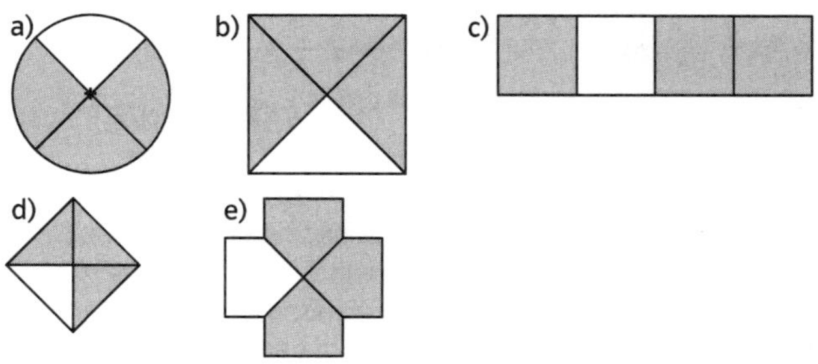

7

a) $\frac{1}{4}$ b) $\frac{2}{6}$ oder $\frac{1}{3}$ c) $\frac{2}{5}$

d) $\frac{1}{8}$ e) $\frac{3}{10}$ f) $\frac{4}{17}$

8

a) $\frac{9}{24}$ b) $\frac{1}{3}$ c) $\frac{3}{4}$

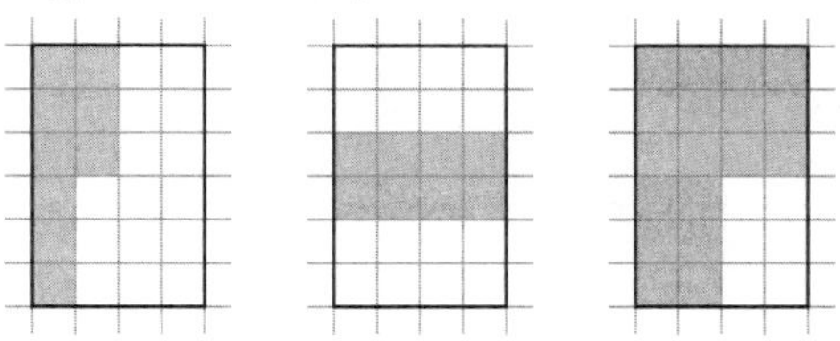

d) $\frac{5}{6}$ e) $\frac{5}{12}$

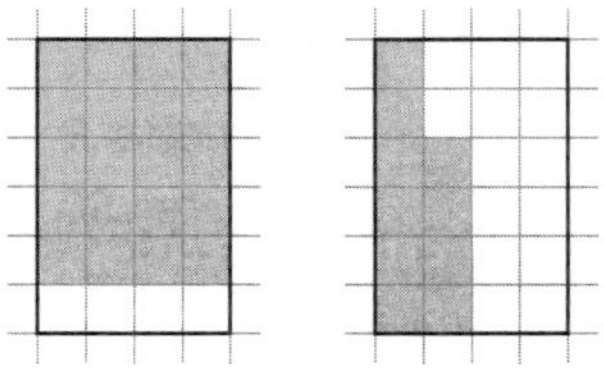

9

Folgende Darstellungen zeigen jeweils den gleichen Anteil.

rot: $\frac{1}{8}$

blau: $\frac{1}{2}$

grün: $\frac{3}{4}$

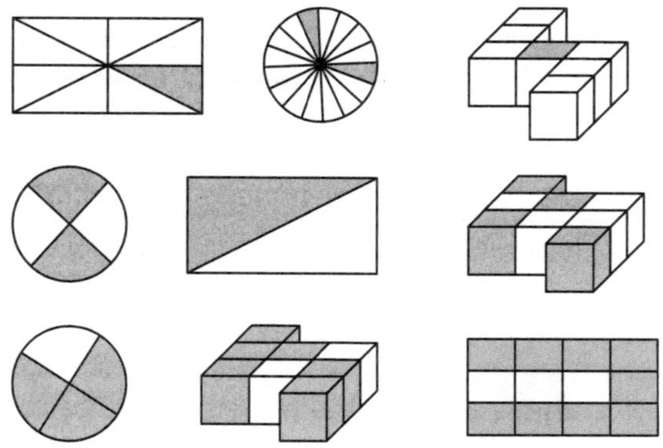

Bruchteile erkennen und darstellen, Seite 69

10

Zum Beispiel:

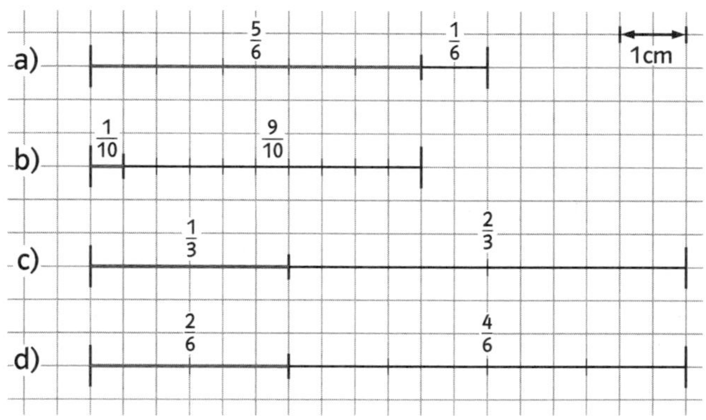

11

a) $\frac{4}{8} = \frac{1}{2} = \frac{9}{18}$; die unterteilte Strecke passt nicht. Sie zeigt $\frac{5}{9}$.

b) $\frac{4}{9}$; die Punkte passen nicht. Sie zeigen $\frac{4}{7}$.

c) $\frac{2}{6} = \frac{3}{9} = \frac{6}{18}$; die Punkte passen nicht. Sie zeigen $\frac{2}{7}$.

d) $\frac{8}{9} = \frac{24}{27}$; der Kreis passt nicht. Er zeigt $\frac{7}{9}$.

e) $\frac{2}{3} = \frac{4}{6} = \frac{6}{9} = \frac{8}{12}$; der Kreis passt nicht. Er zeigt $\frac{5}{12}$.

Bruchteile erkennen und darstellen, Seite 70

12

a) Zum Beispiel:

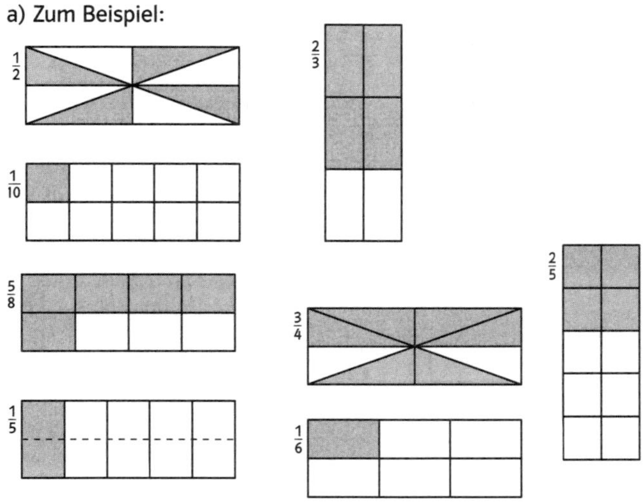

b) $\frac{1}{10} < \frac{1}{6} < \frac{1}{5} < \frac{2}{5} < \frac{1}{2} < \frac{5}{8} < \frac{2}{3} < \frac{3}{4}$

c) $\frac{1}{3}$ ist größer als $\frac{1}{4}$.

Wenn man einen Kuchen in vier statt in drei Teile aufteilt, ist jedes Teil kleiner. Also hat man bei einem Drittel des Kuchens ein größeres Stück als bei einem Viertel des Kuchens.

13

a) Es sind zwölf gleich große Stücke. Denn Anna erhält drei, Maria zwei, Selyma zwei und Hanna fünf Stücke.

b)

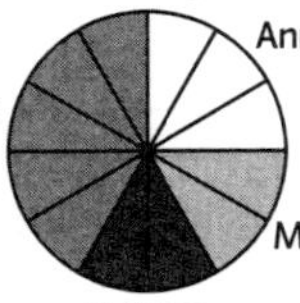

c) Anna $\frac{3}{12}$ oder $\frac{1}{4}$; Maria und Selyma $\frac{2}{12}$ oder $\frac{1}{6}$;

Hanna $\frac{5}{12}$

14

Individuelle Lösung

Bruchteile von Größen, Seite 71

1

Zeit: s (Sekunden); min (Minuten); h (Stunden)
Gewicht: mg (Milligramm); g (Gramm); kg (Kilogramm); t (Tonne)
Länge: mm (Millimeter); cm (Zentimeter); dm (Dezimeter); m (Meter); km (Kilometer)

2

a) $\frac{1}{2}$kg = 0,5 kg = 500 g
b) $\frac{1}{4}$t = 0,25 t = 250 kg
c) $\frac{1}{5}$m = 0,2 m = 200 dm
d) $\frac{1}{2}$h = 0,5 h = 30 min
e) $\frac{2}{5}$km = 0,4 km = 400 m
f) $\frac{1}{4}$m = 0,25 m = 25 cm
g) $\frac{2}{5}$m = 0,4 m = 400 mm
h) $\frac{1}{10}$dm = 0,1 dm = 10 mm
i) $\frac{1}{50}$t = 0,02 t = 20 kg
j) $\frac{3}{4}$h = 0,75 h = 45 min

3

a) 200 g = 0,2 kg = $\frac{1}{5}$kg
b) 250 kg = 0,25 t = $\frac{1}{4}$t
c) 15 min = $\frac{1}{4}$h
d) 20 cm = 0,2 m = $\frac{1}{5}$m
e) 500 g = 0,5 kg = $\frac{1}{2}$kg
f) 750 m = 0,75 km = $\frac{3}{4}$km
g) 50 cm = 0,5 m = $\frac{1}{2}$m
h) 100 mm = 0,1 m = $\frac{1}{10}$m

4

a) $\frac{3}{4}$l Saft
b) $\frac{1}{2}$m
c) $\frac{2}{8}$ Stücke Käse
d) $\frac{1}{2}$ Hähnchen

5

Da Constanze elf Gäste erwartet, essen mit ihr zusammen zwölf Personen. Das heißt Constanze muss das Rezept, das für vier Personen ist, mal drei nehmen.

Mehl: $\frac{1}{2}$kg = 500g; 500 g · 3 = 1500 g = 1,5 kg

Wasser: 125 ml · 3 = 375 ml
Orangensaft: 200 ml · 3 = 600 ml = 0,6 l

Zucker: $\frac{1}{5}$kg = 200 g; 200 g · 3 = 600 g = 0,6 kg

Butter: $\frac{1}{4}$kg = 250 g; 250 g · 3 = 750 g = 0,75 kg

3 Päckchen Trockenhefe
1,5 Dosen · 3 = 4 ganze und eine halbe Dose Mandarinen, also 4,5 Dosen; das heißt Constanze braucht fünf Dosen.

Dezimalbrüche, Seite 72

1

a) $\frac{1}{5}$km = 0,2 km 25 cm = 0,25 m 270 cm = 2,7 m

4 dm 5 cm = 0,45 m 300 m = 0,3 km 1500 m = 1,5 km

$\frac{1}{2}$km = 0,5 km 30 mm = 0,03 m

b) $\frac{1}{4}$kg = 0,25 kg 364 kg = 0,364 t $\frac{1}{8}$kg = 0,125 kg

1 t 125 kg = 1,125 t $\frac{3}{5}$t = 0,6 t 2500 mg = 2,5 g

849 g = 0,849 kg 3 kg 5 g = 3,005 kg

2

a) 20 kg 300 g = 20,3 kg
b) 78 kg 700 g = 78,7 kg
c) 5500 g = 5,5 kg
d) 19 300 g = 19,3 kg
e) 53 kg = 53,0 kg
f) 200 g = 0,2 kg

3

0,00135 t = 1,35 kg = 1350 g
0,013 t = 13 kg = 13 000 g
350 g = $\frac{35}{100}$kg = 0,35 kg
530 kg = 530 000 g = 0,53 t

4

a)

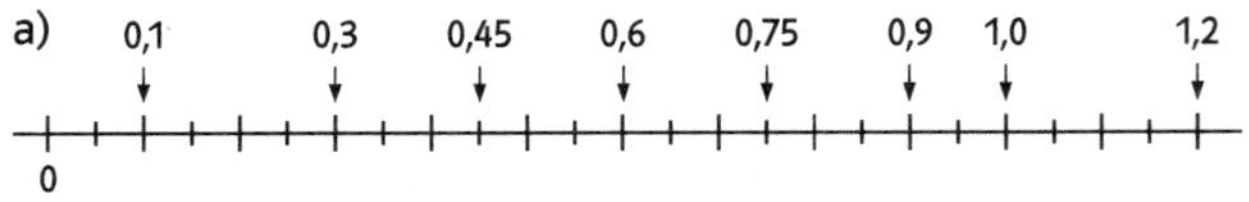

b)

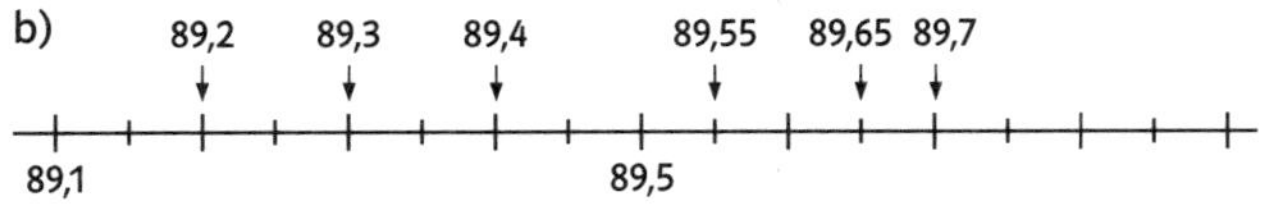

5

0,40 kg < 4,0 kg < 0,04 t < 40,4 kg < 0,4 t < 400,4 kg < 4,040 t
Achte darauf: 1 t = 1000 kg, also sind 0,004 t = 4 kg

Lernrückblick, Seite 73

1

a) $\frac{2}{5}$ wird durch die Abbildungen A, B und C richtig dargestellt. Peter hat nicht recht.

b) Abbildung D stellt $\frac{1}{3}$ dar.
Abbildung E stellt keinen echten Bruchteil dar, da die fünf Teile nicht gleich groß sind.

c)

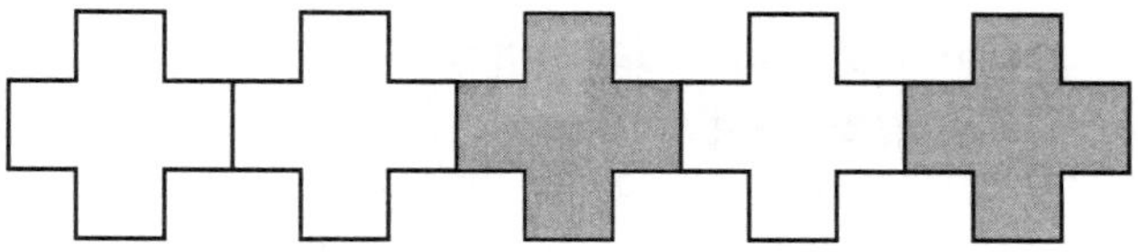

d) Zum Beispiel:

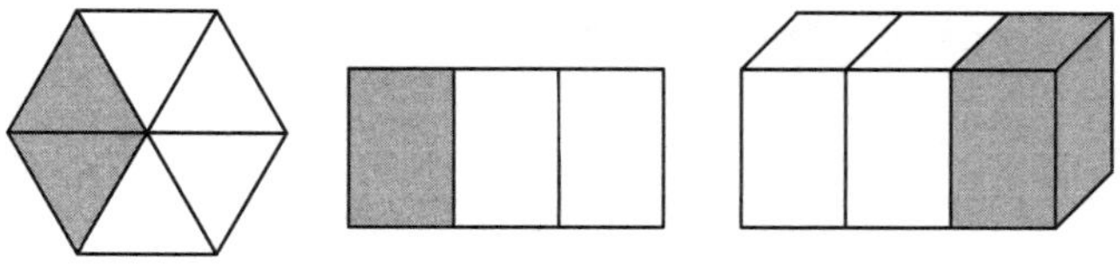

weitere Darstellung:

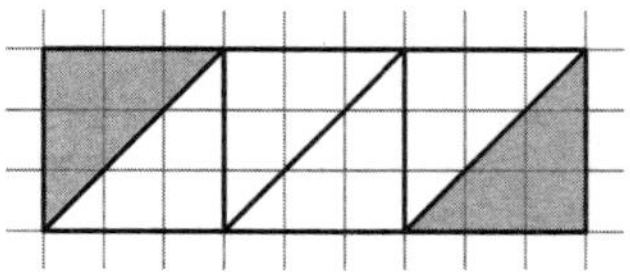

2

a) richtig b) falsch c) falsch d) richtig

Korrektur b): Der Zähler kann kleiner, gleich oder größer als der Nenner sein. Wenn der Zähler gleich dem Nenner ist, hat man zum Beispiel einen ganzen Kuchen. Wenn der Zähler größer ist als der Nenner, hat man mehr als ein Ganzes.

Korrektur c): Der Zähler eines Bruches gibt an, wie viele gleich große Teile ausgewählt werden. $\frac{2}{4}$ bedeutet zum Beispiel, dass man 2 von vier gleich großen Teile auswählt.

3

a) $\frac{1}{8}$km = 125 m, da 1 km = 1000 m sind.

b) 0,308 kg = 308 g, da 1 kg = 1000 g sind.

c) 0,38 m = $\frac{38}{100}$m, da die 2. Stelle nach dem Komma Hunderstel sind.

d) $2\frac{1}{4}$h = 2 h + 15 min, da $\frac{1}{4}$h = 15 min sind.

e) ist richtig.

f) 1,4 t = 1 t + $\frac{4}{10}$t

Das Arbeitsheft „Grundlagen individuell fördern" hilft schwächeren Schülerinnen und Schülern, Lücken im Grundwissen selbstständig zu schließen und

- bietet zu jeder Lerneinheit viele Übungen,
- aktiviert das individuelle Grundwissen aus der Grundschule und knüpft daran an,
- fördert selbstständiges Lernen durch eine Selbsteinschätzung zu Beginn und durch einen Lernrückblick am Ende jedes Kapitels,
- baut Schritt für Schritt die mathematischen Kompetenzen auf.

Das beigelegte **Lösungsheft** enthält hilfreiche Hinweise – damit können Probleme gleich verstanden und Fehler korrigiert werden.

Beilage zu Schnittpunkt 5
Grundlagen individuell fördern
Nordrhein-Westfalen

Arbeitsheft

ISBN: 978-3-12-740431-9

Zeichnungen: media office gmbh, Kornwestheim
DTP/Satz: media office gmbh, Kornwestheim